金子務［監修］
日本科学協会［編］

科学と宗教

対立と融和のゆくえ

中央公論新社

科学と宗教　対立と融和のゆくえ――目次

科学と宗教　対立と融和のゆくえ

序　科学と宗教の交錯

金子　務

中世の修道院活動から機械時計や時間割が生まれ、中世の神学論争から指数や活力の概念も生まれている。だから歴史的には、近代科学は宗教を母胎に発展した、ということもできる。しかしながら科学と宗教は本質的に違う。科学は自然の合理性を信じ、世界の主たる宗教は人間を超えた超越神を信じている。現代科学は、ＩＴ革命によって人知を超えるロボット、超越的な新たな神々を生み出そうとしている。いわゆる科学技術の特異点、シンギュラリティ問題である。科学と宗教の関係は、今私たちに古くて新しい問題を突き付けている。

【阿頼耶識（あらやしき）】

知覚や認識など諸々の意識の根底にある無意識。唯識（ゆいしき）思想の根幹。唯識思想は、すべての事物は実在せず、阿頼耶識から生じたもの、とする。


【フロイト（一八五六―一九三九）】

ウィーンの精神分析学創始者。夢分析や戦争ヒステリー（シェルショック）など無意識の問題を取り上げた。


【ユング（一八七五―一九六一）】

スイスの精神医学者。個人から集団の集合的無意識を取り上げ、神話や伝承の解析の手がかりを与えた。


【シンギュラリティ】

本来は数学的特異点のことで、微分不可能な非連続点、三角形の頂点などを指す。今一般にはＡＩ（人工知能）の急展開によって人知を超えるロボットが出現する（一説には二〇三五年？）曲がり角を指す。


【スピノザ（一六三二―一六七七）】

オランダのユダヤ宗教学者。神は自然そのものという汎神論に立ち、それを直観的に洞察することを説いた。

1　なぜ科学と宗教を問題にするのか

まず科学と宗教の問題といえば、信者、科学者らによる痛ましいサリン事件をもたらしたオウム事件を想い起こす人も多いだろう。国際的には自分の信念のために科学的知識を動員してテロ事件を起こすＩＳ信者たちによるテロ事件も頻発している。「アッラーは偉大である」と言うのは自由だが、自分の神こそ唯一の真理である、という信念は寛容さに欠ける。信仰は強制してはならないし、他者の信仰は理解し容認することが重要なのである。インド独立を導きヒンズー教とイスラム教の融和を唱えたガンジーも、「神が真理であるのではなく、真理が神」なのであり、「真理という大樹の枝葉がもろもろの宗教・宗派」なのだ、と獄中からの書簡で同邦人らを説得した。ＩＳなどカルト（宗派性）の政治性によって、宗教の性格を見誤らないことが大切であろう。まず宗教と科学の根本的違いを自覚する必要があるが、同時に宗教の多様性に無知であっては寛容にもなれないし、立派な国際人ともいえない。

それに科学技術の出自は宗教と深く関わることを知るべきである。近代科学は、ギリシア・ローマ的思想とキリスト教的風土の中から醸成され、ルネッサンスをくぐって一七世紀に生まれた。西欧の中世期にいったんはギリシア・ローマの哲学が断絶しようとしたのを、周辺のイスラム圏がアラビア語に変換育成していた。これを、一二世紀の大翻訳運動によって、西欧社会はふたたびギリシア語、ラテン語に戻して取得し直したのである。中世の修道院活動から、近代社会を律する機械時計や学校教育の時間割が生まれ、神学論争から数学の「指数」概念やエネルギーにつながる「活力」概念も出てきた。教会やイスラム寺院の知識人たちが築いたものが、科学技術の母体となり産婆となってきたのである。

それでも多くの人は、信仰を旨とする宗教と真理を追う科学は根本的に異なり、背中合わせにそっぽを向いている関係だと見るかもしれない。古くはガリレオ裁判に見る宗教と科学の対立・抗争の構図、「闘争モデル」がある。あるいは、「研究室を出たら科学を忘れ、教会を後にしたら信仰を忘れる」と述べたイギリスの科学者マイケル・ファラディ流の「分離モデル」といった対処もあるだろう。漱石の親友だった正岡子規の、「柿食へば鐘が鳴るなり法隆寺」はよく知られているが、同時に「行く秋のわれに神なし仏なし」とも吟じた。外国で「あなたの宗教は?」と聞かれると、日本人の多くが、子規同様に、「無宗教」と答える。インテリを自任する人ほどその傾向が強い。

しかしそういう人たちは、かえって諸外国では信用を失うかもしれない。国際的研究者やビジネスマンにとって、多くの場合、「無宗教」は禁句である。無宗教は無神論につながり、人知を超えた存在に対する怖れを持たない傲慢さ、知的謙虚さの欠如がその性格にあるのでは、と見られやすいからである。特に自分が所属する社会的宗派がないという意味での「無宗派」と、超越的なるものないし神秘的なるものを認めない「無宗教」ないし「無神論」とは、取り違えなきよう注意してほしい。

かつてこの「無宗教」と疑われたアインシュタインの話は教訓的である。

一九二一年にアメリカに招待しようとしたユダヤ教徒の団体が、電報で、「汝、神を信ずるや否や?」と問い合わせをしてきた。これに対してアインシュタインは、「人間の運命や営みに介入する神は信じないが、存在の規律ある調和に現れるスピノザの神を信じる」と、これまた電報で返事した。一休の頓智問答のようだが、偽ってはいない。人間に語りかけたりする人格的な絶対神が砂漠宗教には共通する。ユダヤ教はアブラハムの神、キリスト教はエホバの神、イスラム教はアッラーの神と呼称は違うが、この種の神を持つ。スピノザは一七世紀の哲学者で、自然が「一にして全なる」神、「神即自然」を唱えた。アインシュタインは、初めて会った日本人物理学者の桑木彧雄（あやお）に自分の写真を送り、そこに「自然は内気な女神である」と署名している。だから、アインシュタインは無神論者ではない。

それに日本人なら、自分の育った環境や風俗が、神仏の祭祀と深い関係を持っているのを忘れてはいまい。少し考えても、さまざまな風習に神や仏が忍び込んでいるではないか。相撲の土俵になぜ塩を撒くのか、地鎮祭でお祓いをするのはなぜか、七五三の行事で神社参りしてこなかったか、親兄弟縁者の葬儀に加わり、森林浴をして霊気を感じ、神聖なスポットで敬虔な気持ちになるのではないか。神仏の習合した世界が日本文化の根底にあるのだから、子規のように、「われに神なし仏なし」と言ってもいられないのである。

科学と宗教の問題は、科学者の側からは、昔のガリレオ裁判時代はいざしらず、ファラディ流の分離モデルで処理されてきたと思う。もともと価値観の違う二つの信念体系には会話の余地などない、というのが大方の通念であった。ダーウィンは、生物が、聖書にいうように、神によって個々に設計ないし創造されたとする「設計説」や「創造説」を批判して、自然選択による進化説を立てた。こうしてダーウィン自身の信仰は、キリスト教の一般教義を侵害し、理神論から不可知論へと揺れていた。進化論畑でも、ダーウィン主義のほかに有神論的進化論やヘッケル主義もあり、科学と宗教との関係は一様ではない。

二〇世紀以降、時代の空気は明らかに変わった。むしろ現代の理論物理学、生殖技術などに露呈される神聖領域の侵犯と論議領域化が、両者の接触と交流を不可欠の状況にしてきた。量子力学によって非因果性、不確定性、相補性などの問題が提起され、あるいは宇宙論の進展によってビッグバン、インフレーション理論などが登場し、神の一撃のもと宇宙が始まったとするユダヤ・キリスト教的領域への科学の侵犯が続く現状をどう見るか。このように科学と宗教の関係では、古くて新しい問題が突き付けられている。

さらに現代科学は、ＩＴ革命によって人知を超えるロボット、超越的な新たな神々を生み出そうとしている。いわゆる科学技術の特異点、シンギュラリティ問題である。本来シンギュラリティは数学的特異点のことで、微分不可能な非連続点、例えば三角形の頂点などを意味したが、今一般にはＡＩ（人工知能）の急展開によって人知を超えるロボットが出現する曲がり角、を指す。科学と宗教の関係モデルに、これまでのように敵対するか、われ関せずであるかとする、「闘争モデル」「分離モデル」を捨てて、第三の「映発モデル」（科学史家ブルックは「互恵モデル」と呼ぶが）に立って記述する立場も、双方の側から明確になってきたのではあるまいか。

直感やひらめきは、ビジネスであれ日常生活であれ創造性の源である。そこで注目されるのが脳科学の無意識。フロイトもユングも二〇世紀の精神分析学でこの無意識の重要性に気付いたが、それよりはるか前から、実は仏教では「阿頼耶識（あらやしき）」として注目されてきた。それは知覚や認識など諸々の意識の根底にある無意識の領域を指す仏教用語であり、すべての事物は実在せず、阿頼耶識から生じたとする唯識（ゆいしき）思想の根幹をなす。これについては最後に項を立てて吟味することにしたい。

2　科学はキリスト教的なのか

私は新聞記者時代の一九六九年の夏、アポロ十一号の打ち上げをフロリダやヒューストンで現地取材した。当時のアメリカは、地上では反ベトナム戦争のデモが盛り上がっていて、宇宙の問題よりは地上のこの問題をどうにかしろという声が世間を覆っていた記憶がある。その結果、月面着陸という偉業を成し遂げたアメリカは、その後、まるでのたうち回るようにして、ベトナム戦争以後の傷跡を癒やさなければならなかった。

一方、聖なる神の領域と考えられてきた宇宙に、初めて土足で踏み込んだあの宇宙飛行士たちはどうなったか。振り向いて見たあの、漆黒の空に浮かぶ青い地球の神々しい姿に打たれ、聖なるものに戦く心境になったのか、月面に上陸した二人のうちオルドリンは結局、キリスト教伝道師になり、もう一人のアームストロングは大学教授に転身したものの、ノアの箱舟が漂着したとされるトルコ東端のアララト山に、死ぬまで何回も登山を繰り返していた。宇宙とキリスト教の問題にとって象徴的な話ではないか、と思う。

今ここで、「科学はキリスト教的なのか」という、気になる問題を提起しておきたい。

科学の出自は確かにそう見える。近代科学は一六世紀、一七世紀に西欧の一角で誕生した。ヘレニズム的（ギリシア・ローマ的）伝統とキリスト教神学とイスラム的経験知が混ざり合い、これらの坩堝の中から科学的方法が確立し、それをこれまた西欧の制度的発明である学会システム（この第一号が一六六二年創立のロンドン王立協会である）が支え育ててきたからである。またガリレオ以前のロジャー・ベーコン、ニコール・オレム、ジャン・ビュリダンといった神学者の活躍を知れば、近代科学が、キリスト教の環境から芽吹いてきたことは否定しようがない。

それにまた、科学を突き動かす自然イメージには、ガリレオによって強烈に唱えられた「自然という書物」観があったことが思い出される。このイメージが、ユダヤ・キリスト教的「書物」である『聖書』に触発されたメタファー（暗喩）であることは、明白である。

ガリレオは神に至る道には二種あると主張した。「神の言葉」を記した『聖書』は救霊の書であるが、一方、神の作品として「神の御業（みわざ）」の数々を刻み込んでいるのが「自然という書物」で、こちらは数学的記号で書かれているから、万人に開かれていると主張した。自然は理解可能であるという「書物―記号」観こそ、操作的自然観をもたらし、デカルト的還元主義と言われる「自然の形式化信仰」を生み、近代科学の圧倒的なパラダイムを作ってきたのである。それは還元主義という近代思想の母体になった。還元主義とは、化学は物理学に、生物学は化学に、心理学は生物学にと、上位の概念を下位の概念に還元して説明する立場である。これを徹底化すれば、すべてを数量化するのが科学だということになる。一種の数量原理主義である。生物個体を細胞内の遺伝子、DNA構造から説明する分子遺伝学もこの路線にある。こういう立場はキリスト教がよく似合う、と私は思う。最高の真理である神の御業を体現する究極の自然法則なるものを、一挙に把握し、そこから下降しながら、分析的演繹的に特殊命題を証明していけばよいからである。

しかし、こういう自然観が近代科学のすべてと考えたら大きな誤りである。もう一つ、「森―迷宮」

自然観と呼ぶ大きな流れがあるからである。これはガリレオらが登場する同じ一七世紀に生まれた真逆な立場である。

『大革新』序言において、フランシス・ベーコンが述べたように、自然という建造物は迷宮のようで紛らわしく、錯綜した事物と経験の見通しの効かない「森」の中をさまよいながら、出口を求めなければならないとした。それには人間の側でまず精神と方法を鍛えること、すなわち「経験的能力と理性的能力の真の合法的結婚」であるベーコンの改良帰納法の確立が待望されるとしたのである。帰納法は、個々の事例の束から上昇しながら段階を追って普遍的法則性に近づこうという立場で、先の演繹法とは真逆の関係にある。ベーコンの「森－迷宮」自然観は、自然の不可解なまでの複雑性を前提にし、記述者の眼差しと修正帰納的方法のもとに自然を整理しよう（その限りでは合理主義的態度である）として、多くのナチュラリストを呼び込んだ。そこでは個々の事物こそ重要という「自然の個別化信仰」を支え、生命的博物誌路線に結実していった。

ここで注意しておくが、一七世紀のベーコン思想と、一九世紀産業革命下で自然征服史観とされた修正ベーコン主義とを、混同してはならない。後者への反動として、ロマン主義や自然保護思想が深化していったのだが、修正ベーコン主義は本来のベーコン哲学の誤解から生まれたからである。

環境問題や生命操作批判などを契機にして、科学批判はますます大きく深くなってきたが、この批判は「書物－記号」路線を直撃するが、「森－迷宮」路線には当たらない。生命多様性の重要性とも、この自然観は肯定的に結び付くことができるのである。しかもこれは、非キリスト教的世界観、多神教的仏教的世界観にも通底するものである。

もともとキリスト教以前の東西世界には、多神教の世界が広がり、さらに中心には豊穣の女神、地母神信仰が普遍的に存在していた。日本の縄文時代には縄文のヴィーナスが多数見つかっているが、地中海周辺でもマルタやゴゾ島、トルコなどでの出土例も多数報告されている。そこは、ロシア探検家アレクセーエフの実録で黒澤明が映画『デルス・ウザーラ』に描出した老猟師のように、万物に命を認めるアニミズム的世界であり、それを理性的路線で整理しようとしたのが「森ー迷宮」自然観なのだと考える。キリスト教が世界化した一因には、第三回エフェソス公会議で、マリアを「テオトコス」（神の母）と認定して以来、聖母マリア信仰が一般に普及したことにあると思う。しかし女神の系譜でいえば、中東地域の豊穣の女神像に始まるクババ——アルテミス——ダイアナという女神信仰が、聖母マリア信仰に先行していたことを指摘しなければならない。

3　科学と宗教の映発的関係——大拙とアインシュタインの場合

私は大学時代に、岩波新書赤版『禅と日本文化』（初版、昭和一五年）や岩波文庫『盤珪禅師語録』を読んで、初めて九五歳まで生きた国際的仏教学者の鈴木大拙を知ったのだが、大拙にとって科学と宗教の問題は、初期から晩年まで一貫して問題であり続けた。

大拙は、想像力というものは宗教だけの専有物ではないし、一方、弁別や推理というものは科学が独占しているものではない、宗教と科学は「相互的、相補的なもの」とした。一方がなければ他方は何もできない、と。とはいえ、大拙の言う禅的方法と科学的方法は対照的でもある。言葉に頼らぬ「不立文字」の禅が、直覚的な理解の方法によって達成される直覚知を問題にするのにひきかえ、観察と実験、分析と推理という言葉と論理に頼る経験的科学では、系統的な分別知を問題にする。禅の知は系統的でない、つまり形式の不完全性なることを良しとし、かえって精神が露出するというのだから、対立するようにも見える。

だが、その科学者も禅的行為に入れるとはどうしたことか、と私は自問する。例えば、蘭学者の渡辺崋山は、画を描く前にまず、心・手・身を整え、髪の先、爪の端まで「惣領身皆画に相成り候」という画事身体論を展開した。竹を画くことは自分が竹になりきること、自分を無化することである、と。ここで私は、いずれも同じ一人の人間、「この私」において蘭学と画業を展開することの意味が重要なのだ、と思う。後で「無意識」問題を検討するように、同じ人間の精神構造において、二つが両立することの意味を考える必要があるだろう。

大拙が渡米直前の一八九六年、二六歳の著である『新宗教論』の一節「宗教と科学との関係」を繙(ひもと)いてみると、すでに見性(けんしょう)体験を経て居士号「大拙」を得ていたこの時期に、大拙の根本思想は確立していたと思われる。まず「信」に科学と宗教に共通する基盤を見ていることが注目される。

「科学の基礎は実に信仰にあり」と言う。すなわち科学は「宇宙に一定不変の道理あることを先決して、而る後吾人の経験知識を帰納し演繹す」と。宇宙に理法があることをまず信じなければ、科学者は宇宙の構造や形態を調べる気力も失せてしまうだろう。大拙にとって宗教はまず「信仰」に始まるが、大方の科学者も宇宙あるいは自然の理法への信念をまず抱くとする。この指摘は正しい。アインシュタインは、「世界について永遠に理解不可能なことは、世界が理解可能であるということである」と述べた。

適切に自然を調べれば、なぜ「内気な女神である自然」がその秘密を科学者たちにおずおずと示すのか、それが自分にとっては最大の謎である、というのだから。

大拙がいち早く、科学と宗教に共通する「信仰」ないし「信念」、すなわち「信」に着目したのは、まさに正鵠を射たというべきであろう。

戦中時代を挟んで、戦後の大拙の科学観に特徴的なことは、「無意識」における「魔王的なるもの」を直視し、そこに宗教の意義を見出したことにあるが、科学と宗教の映発的関係を重視する姿勢は一貫している。

「新仏教徒」の吾人（ごじん）は「科学を以て宗教の塵垢（じんこう）を洗浄し、宗教の真美を発揚するものとなす」と宣言している。科学の成果を援用して仏教の基礎を説明しようという立場である。真理は真理であり、真理を離れたら、宗教も水を失える魚、科学も雲を得ざる龍になる。宗教は真理を得て安心立命せんとし、科学はこの真理を得て知識を拡大せんとする、のである。宗教は「見よ」と言い、科学は「説かん」と言う。宗教は直下に会するを旨となし、科学は了知分別を本となす。別に「禅は感得し、科学は知得す」とも言う（論稿「不立文字」）。したがって、宗教も科学も「互に映発して真理を挙揚するものとなすべし」というのである。ここでもアインシュタインが言った言葉を思い出す。「科学なき宗教は不完全であり、宗教なき科学にも欠陥がある」と。

大拙は明治三〇年、一九世紀末の機械文明国アメリカに初めて渡り、イリノイ州ラサールのポール・ケーラスが関係するオープン・コート出版社に勤めながら、翻訳や仏教の普及、新知識の吸収に努めた。

実に二七歳から三九歳までの一二年間をその地で武者修行した。滞米生活中、生存競争の激烈な社会を体験し圧倒的な物質文明の洪水の中でも大拙の凜とした姿勢は崩れなかった。冷静な態度で、西欧文明の根本問題に目配りして、その長短を見定めたのである。

大拙は、第二次大戦後、六三歳のときに雑誌『知と行』に「宗教入門」を四回にわたって連載するが、これは全編、ペニシリンや原爆や電子計算機といった科学技術の成果に触れながら、宗教とどう関わるかを検討しており、「科学と宗教」の問題に対する大拙のスタンスを知るには好適である。

ここで、科学が意識していない人間の無意識裡に潜在している「魔王的なるもの」に注目する。科学は元来無記性だから、人間性の否定・肯定の両方向に、向上・向下の両方向に動きうるが、科学する人間の無意識に「割り切れぬ暗影」（魔王的なるもの）がある限り、科学意識は暗影を映すほかない。それが集団に反映して濃度を増し、それが再び鋭敏な感性の個人意識に尖鋭な形をとって現出する。二つの大戦はこのような近代人の心理状態から起こり、ナチスや共産主義体制下の科学主義のあり方も、群集心理や本能のほの暗い影の動きに突き動かされてきた。「科学そのものには罪はない」が、大拙が科学に問題ありとするのは、人間個々の「無意識」を内面的に整理せず、そのまま放置して、外面的にその技術力を発揮してきたことにある、と見る。

宗教は、この無意識にくすぶる魔王の正体を白日にさらす力がある、と大拙は言う。宗教の力によって、個々人がこうして完全な自由・自主性を取り戻すことができる。それが「不可思議解脱」であり「霊性的自由」であるというのである。

4　なぜ無意識が問題なのか――「分別する無意識」と「いのちの岩盤からの返照」

一般に、思考はつねに言葉によってなされると言われたりするが、そういう信念はアインシュタインを笑わせるだけであった。むしろ、言語による固定化こそが創造的思考をストップさせてしまう。アインシュタインの創造にとっては、前言語的な心的イメージと前行動的な身体的所作がまず解発されていくのであって、言葉はあとからついてくるものであった。アインシュタインは晩年にこう書いている。「私にとって疑問の余地がないことだが、私たちの思考は大部分、記号（言葉）を用いずに行われ、さらによりいっそう広範囲にわたって無意識的なものである。なぜなら、さもなければ、私たちが時折ある経験について、まったく思わず「驚く」などということがどうして起こり得るだろうか」、と。

恩師木村雄吉（ゆうきち）は、生物学者、医学者、生命思想家にして、歎異鈔再発見の明治宗教者・近角（ちかずみ）常観の求道学舎を引き継いだ在家真宗者であった。日誌「求道学舎の日々」に、人間の知的活動には、いかように分岐して見えても、それを支え統べくくる「いのちの岩盤」があり、その岩盤からの「返照」でどんな研究でも詩情に満ちた姿で展開する、と確信していた。

私は、この美しいメタファー、「いのちの岩盤からの返照」が、暗黙知や阿頼耶識の「無意識」問題に光を当てると考えている。心の奥底には、『大般若涅槃経』でいう「仏性（ぶっしょう）」があり、「仏性」は清らかにこんこんと湧き出る泉であるから「自性清浄心」とも言う。それはまた、鈴木大拙が再発見した盤珪禅師の説く「不生（ふしょう）」、生まれつきあるもの、でもある。「いのちの岩盤」は、この如是如実であり現生底である「仏性」に当たろう。

ここで、大拙の言う「分別する無意識」という観点を、よく味わってみる必要がある。たしかに禅は無意識に存するが、枯木死灰の如く意識のない状態になることではない。天は高く地は厚し、と分別する無意識である。「分別する無意識」とは妙だが、大拙が引く西行の歌、「捨てはてて　身はなきものと思へども　雪のふる日は寒くこそあれ」と、これに芭蕉が添えて、「花のふる日は浮かれこそすれ」と詠んだ例を見れば、合点がいこう。禅は単なる「空教」ではない。分別なき思慮なき処、言なく語なき処である無意識を「直指単伝」するのである。分別する無意識には、魔王的なものを遮断し、付け入る隙を与えない力があるという。科学者が研究し、禅家が直視する分別は、ともに「いのちの岩盤からの返照」によって支えられているのだろう。

ここで認識問題の無意識として、暗黙知の問題を取り上げておこう。

今、「私が〇〇を知る」という認識行為における「私」は単なる主観ではない。同時に対象も単なる客観ではない。意識的主体である「私」は、無意識的深層心理の大海に浮かぶ氷山にすぎない。デカルトの「コギト」＝「我思う」では、その意識が実は薄い表層に過ぎず、情念や情動に支えられ、さらに無意識の層に深く根をおろしていることが無視されている。「私」は、意識・無意識にまたがる多層な心的過程を束ねた動的な身体的存在、なのである。このことは、フロイトやユングが出てくる一〇〇年以上も前に、ゲーテが気付いたことでもある。対象と「私」という主体の間には、自分の尾を呑むウロボロスの蛇の関係があると考えなければならない。無意識を介して、「私」の内奥にも現実があり、現実の根底にも「私」の影がゆらいでいるからである。

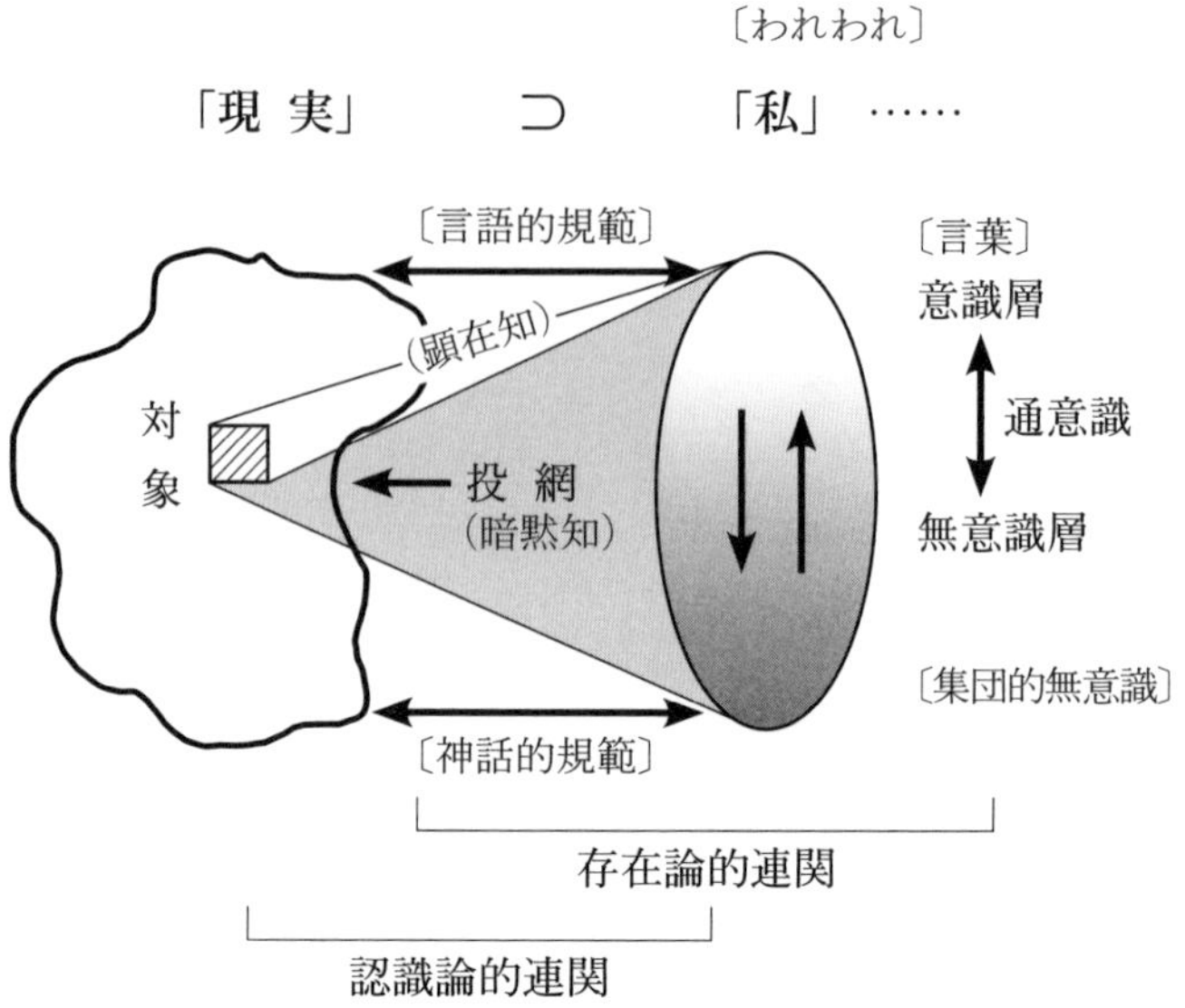

盲者が杖を介して道を知るのにたとえれば、道は、「コンクリート＋堅さ＋騒音＋開面等々」の顕示的（explicit）な概念からなる記号網から、「道」と判断されるだけでなく、同時に手の延長としての杖の先を暗黙的（tacit）な「眼」として、盲者がそこに「私」自身を「棲みこみ」（dwell-in、ポラーニィの用語）させて、身体的に初めて「道」として納得する。顕在知は、科学哲学者マイケル・ポラーニィのいう、従縁的（subsidiary）な「暗黙知」（tacit knowledge）という強力な縁どりを投網して獲得され、道が理解されるのである（図参照）。

しかし仏教はとうからこの暗黙知を、仏陀の説く「縁起」から見抜いてきた。対象と認識の関係についてもっとも明確に述べたのは、紀元二、三世紀に南インドで活躍したナーガールジュナ、すなわち龍樹であろう。とりわけ玄奘の弟子慈恩大師によって建てられた法相宗は無意識の層に着目して、七世紀の長安仏教の主流をなした。すべてのあり方が

「識」(多層な主観ないし心をさす独特な語)からのみなる、という唯識思想で、一切の現象世界の元になる原因を「種」とし、種には眼・耳・鼻・舌・身・意の六種のほか、第七の末那識、第八の阿頼耶識の八種識がある、とした。人間の深層心理に潜在的にある自我意識に当たるものが「末那識」であり、宇宙万有の一切がそこから開展する根元的な生命が「阿頼耶識」である。梵語「アーラヤ」(alaya-vijnana)から玄奘が「阿頼耶識」と訳した。

「私」が言葉を記号として発するとき、無意識の層から想念が泡のごとく浮かんできて、意識の層で社会的規範を担う言葉として記号の形を与えられる。また意識の層で受けとめられた記号は、無意識の層へと解体されて沈下していく。仏教でも、われわれがある行為をしたとすると、善悪にかかわらず、その残滓が阿頼耶識という「無意識の大海」の中に染みつき蓄えられる。この過程を「薫習」という(ポラーニィは「離遠的(distal)」といった)。蓄えられたものが「種子」である。種子は因縁が成熟すると、ふたたび意識の世界に立ち現れる。これを「現行」という(ポラーニィの用語では「焦点的(focal)」)。「薫習」と「現行」はあわせてL・L・ホワイトの「通意識」(perconscious)に当たる。阿頼耶識という無意識の世界から意識の世界へと行為の断片が沈着したり汲み上げられたりするプロセスを、こう呼ぶのである。しかもそれは単なる「記憶の蔵」ではなく、動的な世界である。

さて、この阿頼耶識に宿る仏心を指す「生命の岩盤」というメタファーは、私たちの身体に埋め込まれている植物器官に存在の根拠を持つのではないか、と私は考えている。

木村雄吉の弟子でもある解剖学者の三木成夫は、動物である人間に植物器官があるということを、よくこういう言い方で説明した。人間の口から手を突っ込んで臓物を裏返しにしてみたらどうなるか。動物の植物器官と言われる消化器官系は一本の管でつながり、そこに胃袋とか肝臓などが溜まりとしてある。そして内側の繊毛などで吸収し血管系から栄養分を送り出す。それらを裏返せば、内部のさまざまな突出物が枝葉のように露出してこよう。まるで樹木の形ではないか、と言う。もう一つの植物器官を構成する循環器系の中心は心臓だが、心臓は、長い動物進化の過程でも常に身体の中心にあって、その位置を動かない。そして枝葉を血管系として四肢に張りめぐらせる。しかし動物器官の代表である運動神経系では、脳はどんどん頭部の天辺へと前進する（頭進（とうしん）、と言う）。

芭蕉の弟子其角（きかく）に、「海棠（かいどう）のいびきを悟れ涅槃仏（ねはんぶつ）」という句がある。好んで三木が引用する一句だ。「涅槃仏」は釈迦の死を悼む涅槃図に描かれているあの寝姿の仏である。その仏が海棠という植物のいびきを悟れ、という遺訓である。植物のいびきなど普通誰も考えないが、実は植物は炭酸ガスを吸い酸素を吐き出して呼吸している。つまりいびきをしている。いわゆる炭酸同化作用で、光をエネルギーにし、根から水を吸い上げて澱粉を光合成する。そのさい、植物にとっての心臓は太陽である。植物は、外部の太陽を心臓にして、非常に大きな循環器系を作っていて、地球、宇宙の、一日二十四時間とか一年とかのさまざまなリズムを刻んでいる。

大事なことは、そういう性格を持った植物器官が、実は人体の中にもきっちり入っているということである。先の一句はこう解される、と私は判断する。すなわち、釈迦は、人間としての死を迎える、つまり動物界に共通する呼吸は止まるが、植物界を介して宇宙へと拡がるもう一つの「いびき」を悟れ、という呼びかけを遺訓としているのでは、と思う。

宮沢賢治も、「檜「ひのき」まことになれ「汝」は生き物か　我とは深き縁「えにし」あるらし」と詩を詠み、この檜という植物に対して、同じ息遣いをする生き物であるかのごとく呼びかけている。

無意識の探究は、ヨーロッパにおいては、磁気術師や催眠術師らの仕事を通して一八世紀に始まったにすぎない。しかも非体系的で散発的なもので、一九世紀中頃になって、無意識の知覚を測定しようとしたフェヒナーの精神物理学の登場によって、実験的研究が始まるとされる。特にヘルムホルツの「無意識的推論」は、われわれの知覚が感覚器官に刻印を与える通りに知覚するのでなく、過去の経験が対象について無意識的に再構築することを指摘しており、われわれが問題とするポラーニィの「暗黙知」の問題を先取りしているので、注目に値する。

この時代は心霊研究が一八七〇年代以降、特にイギリスのケンブリッジ学派の間で盛んとなり、また大陸側では、ヴントの弟子フルールノワなどの夢研究や催眠術、記憶喪失の例などから、潜在的な無意識の大量記憶があることがわかった。フランスのシャルコーらによって、意識的なものが自動的無意識的な習性になったり、心の傷が無意識に封じ込められることなどが指摘され、ピエール・ジャネやフロイト、ユングらの精神医学、精神分析学の出発点になった。「意識下」（subconscious）がジャネの造語であり、ジャネの「現実感覚の喪失」からブロイラーの造語「自閉症」（Autismus）が生まれ、ジャネの用語がヒントになってユングの「コンプレックス」（Komplex）を生んだ。

現代になって、情報科学の雄ミンスキーは、意識は今の瞬間に起こっていることを表現できず、ほんの少し前のことを少し表現できるだけであり、したがって心の働きはほとんどすべてが無意識であることに同意している。同時に、いかにも情報学者らしく、心的機械論のデカルト主義的分割論に立って、心が分割可能であり、その最小部分ないし一プロセスをエイジェント（agent：作動子）と呼び、エイジェントは、ディジタル的にオン・オフの機能を持つ、と仮定している。そのエイジェントの組み合わせ、エイジェンシーの働きから、「全体は部分の集合を超える」というゲシュタルト的現象も、新たな気付きのAha! 体験も、エイジェント間のインタラクションから説明可能であり、全体論的説明は不要としている。

しかし無意識層にある記憶の断片が、オン・オフの二元構造をしているという保証はどこにもない。ただここでは、ディジタル情報に立つ情報理論やコンピュータを駆使するＡＩ部門でも、無意識がホットな問題領域になりつつあることを確認しておけばよい。

以上を要するに、科学と宗教の問題について、無意識を介在にすれば、同根の「いのちの岩盤」（仏心、それは体内の植物器官の体制に深い関わりがあるかもしれない）からの返照をともに浴びていることに、共感の根拠があるのではと指摘してきた。科学における魔王的なるものを制御する力には、大拙が説く「分別する無意識」が重要だが、この「分別する無意識」が、「いのちの岩盤」からの返照によってまた支えられているのかもしれない。それはまた新たな「一つの驚き」と言えるかもしれないのだが。

参考文献

私の本論稿は、これまでに発表してきた以下の諸拙稿を参照して纏めた。

「若き大拙と科学問題」『鈴木大拙――没後40年』（道の手帖）河出書房新社、二〇〇六年
「造形的思想の系譜――ホワイトとゲーテ」『モルフォロギア』第一〇号、一九八八年
「暗黙知と無意識の大海」『科学時代における人間と宗教（武田龍精博士退職記念論集）』法蔵館、二〇一〇年
「仏教と自然科学の親近性――鈴木大拙とアインシュタインの思想」『核の時代における宗教と平和』（武田龍精編）法蔵館、二〇一一年
「いのちの岩盤と返照」『信道講座講義録』名古屋東本願寺、二〇〇七年

理解可能性や創造性と無意識の問題は、拙著『アインシュタイン劇場』（青土社、一九九六年）の各章と終章「理解可能性ということ」など。

文献記載はそれらの論稿に譲り、ここでは参考書目をいくつか出しておくにとどめる。

アインシュタイン「新自伝ノート」『未知への旅立ち』（金子務編訳、小学館ライブラリー8　一九九一年）
金子務『アインシュタイン劇場』青土社、一九九六年
マイケル・ポラニー『個人的知識――脱批判哲学をめざして』長尾史郎訳、ハーベスト社、一九八五年。
ポラーニィの用語は論者自身が原論文から訳出した。
ランスロット・ロー・ホワイト『形・生命・創造――科学と宗教を超える「体験の宇宙」』木村雄吉訳、学会出版センター、一九八九年
L. L. Whyte, *The Unconscious before Freud*, Basic Books, New York, 1960
木村雄吉「求道学舎の日々」、とくに10章「スピノザの神と決定論」『山河あり』（古希記念出版）中央公論事業出版、一九七四年に所載。
永井克孝・金子務編『生命のかたち――木村雄吉の学問と思索』学会出版センター、二〇〇四年
三木成夫『胎児の世界――人類の生命記憶』中公新書、一九八三年

三木成夫『生命形態学序説――根原形象とメタモルフォーゼ』うぶすな書院、一九九二年に所載の拙稿解説を参照。

ベルクソン『道徳と宗教の二源泉』平山高次訳、岩波文庫、一九七七年

西田幾多郎「生命」（最晩年の論文、盲者の杖のたとえがある）『西田幾多郎全集』岩波書店、第十一巻「哲学論文集」第七、所収

アンリ・エレンベルガー『無意識の発見』木村敏・中井久夫監訳、弘文堂、一九八〇年

龍樹「空七十論」と「廻諍論」（『龍樹論集』中央公論社「大乗仏典」十四巻所収）一九七四年

鎌田茂雄『華厳の思想』講談社、一九八三年

J・H・ブルック『科学と宗教、合理的自然観のパラドクス』田中靖夫訳、工作舎、二〇〇五年

マーヴィン・ミンスキー『心の社会』安西祐一郎訳、産業図書、一九九〇年

鈴木大拙『新宗教論』貝葉書院、一八九六年（『鈴木大拙全集』岩波書店増補新版、二三巻所収）二〇〇一年

「居は気を移す」「不立文字」「宗教と科学」「宗教について」などの論考は『鈴木大拙全集』（岩波書店旧版）別巻一、二を見よ。また鈴木大拙著、上田閑昭編『新編 東洋的な見方』（岩波文庫、一九九七年）にある「自由・空・只今」「このままということ」「東洋思想の不二性」などを参照。

ガンディー『獄中からの手紙』森本達雄訳、岩波文庫、二〇一〇年

渡辺崋山「退役願書之稿」『崋山・長英論集』（佐藤昌介校注）岩波文庫、一九七八年

『盤珪禅師語録』鈴木大拙編校、岩波文庫、一九八七年

第1部　ヨーロッパとの対話——知と信の原型から

第1章　世界宗教と科学

伊東俊太郎

「精神革命」の時代において形成された世界宗教の成立とその基本的特長を比較考察し、それに通底する性格を確認したうえで、それを保証するものを従来のような垂直的な超越（神、絶対無など）に基づけるのではなく、自己と他者、自己と自然との「水平的超越」によって把え直し、これを可能にする「宇宙連関」に注目する。このことにより、同じく「宇宙連関」を追求する科学と、世界宗教との根源的統合への途を示したい。

【精神革命：Spiritual Revolution】

筆者の考える人類史の第四の大転換期。前六世紀以降、ギリシア、インド、中国、イスラエルにおいて世界宗教と哲学の起源がつくられた（ギリシア哲学、仏教、儒教、キリスト教）。

【水平超越：Horizontal Transcendence】

宗教の根源を、従来のように縦の垂直的超越（上への超越としての「神」と下への超越としての「無」etc.）によるのではなく、自己と他者、自己と自然との間の絆をつくる横への超越を指す。

【宇宙連関：Cosmic Correlation】

ビッグバンに始まる宇宙形成の過程や細胞間の関係形成、そしてホモサピエンスによる社会の発展などの、それぞれの全体を成り立たしめる相互的な連関。これが「水平超越」の根源となる。

1　はじめに

本稿は、日本科学協会が主催したセミナー「木魂（こだま）する科学とこころ――科学と文化の交差点　宗教文化篇」において、筆者に与えられた提題「世界宗教と科学」に応ずべく書かれたものをもととしている。全体として科学と宗教の関係を文化文明的に問い、考察する試みと言ってよいであろう。

科学と宗教との関係については――その融和と対立を含めて――これまで多くのシンポジウムや著書において論じられてきた。しかし何かいつもしっくりしない曖昧な議論に終始してきたように思われ、何ら根本的解決はみられていない。本稿の意図は、この問題にいささかでも解決を見出す方向を差し示し得たらという期待をもって書かれている。しかしここでの考え方や捉え方は、まったく新しいものなので、すぐには受け入れられるかどうか、まことにおぼつかないが、しかし筆者がこれまで研究してきた結果として今、思うところを、この機会にしるしておく次第である。

まず第一に、これまで科学と宗教の違いについてもっとも妥当と思われた考え方は、「科学」は「世界がいかにあるか」を研究するものであり、これに対し「宗教」は「この世界でいかに生きてゆくべきか」を問題とし、この点で両者は根本的に異なるとするものである。本稿は最後にこのことを再検討するであろう。

2　世界宗教の起源としての「精神革命」

筆者の主たる研究領域は、「科学史」と「比較文明学」であるが、特にこの十年ほどは、「精神革命」の比較研究に打ち込んできた。「精神革命」(Spiritual Revolution)とは、筆者の考えている比較文明史の人類史的段階、「人類革命」(Anthropic Revolution――人類の成立)、「農業革命」(Agricultural Revolution――農耕・牧畜の開始)、「都市革命」(Urban Revolution――都市文明の出現)、「精神革命」(哲学と世界宗教の誕生)、「科学革命」(Scientific Revolution――近代科学の形成)の五段階のうちの第四段階の変革期を指す。そして人類は現在さらに「科学革命」の次の「環境革命」(Environmental Revolution――人間と自然的世界の再調整)の時代に入っていると捉えている(そして宗教と科学の問題は、この第四段階の「精神革命」と第五段階の「科学革命」が、うまく接合されないまま、その対立が今日第六段階の「環境革命」のところまで、とり残されてきたとも言える)。

さてこの第四の人類史の大変革期と考えられる「精神革命」は、具体的に言えば、前六世紀以降のギリシア哲学の形成とインドにおける仏教、中国における儒教、イスラエルにおけるユダヤ教を起源とするキリスト教の出現という、まさに「世界宗教」と呼ばれるべきものの成立した画期的時代である。それは人類史における初めての人間のこころの内部の変革、精神史の始まりを告げるものである。

この精神革命のそれぞれの過程をここに詳論することはできず、それについてはすでに書かれた拙論*1を参照していただくほかはないが、その内容を簡潔に示せば次のごとくなるであろう。

まずギリシアにおける「精神革命」は、ソクラテスによる「プシューケー」（魂）の発見に始まり、この「魂」の対象となる「イデア」の認識を経て、ついにその最高のものとしての「善」のイデアの把握にいたる。

中国における「精神革命」は、周時代の「天」が地上に引き下ろされて人倫化されて「道」となり、孔子の儒教においてそれは当初「礼」であったが、その「礼」の根底に「仁」がなければならないことが見抜かれて完成にいたる。

インドの仏陀においては、この世の「苦」の問題に発して、その苦のもととなる「執着」の対象が、実は常に変化して止まない実体のない「縁起」――つまり「空」にほかならないことが自覚され、そこから「慈悲」が出現する。

イスラエルでは、まずイエスによりユダヤ教における律法の概念とその形式化が、徹底的に批判され、それを超えた直接的な神の「愛」が強調されて、人々の真の救済へと向かう。

3　「精神革命」と「横への超越」

さて、これらの「精神革命」の最後に出てくる「善」（ἀγαθόν）、「仁」（rén）、「慈悲」（maitrī- karuṇā）、「愛」（ἀγάπη）は、本質的に言って対人関係の原理である。つまり他者に対するわれわれの生き方の行動原理を示している。それを筆者は「横への超越」（lateral transcendence）ないし「水平（方向）の超越」（horizontal transcendence）と呼んでおきたい。今日ではこの「横への超越」の対象となる「他者」

（others）として、「人」だけではなく、「自然」が加わってくることも注目しておかねばならない。人と人との相互関係と、人と自然との相互関係とは同じではないが、ともに「生きもの」の絆を形成するという点では同様である。ここに「横への超越」とは、このような他者との相互関係を自覚し創り上げることを意味している。

ところで「精神革命」では、このような「横への超越」が「縦への超越」（vertical transcendence）により媒介されていると考えられる。この「縦への超越」には「上へ」と「下へ」の超越の二つがあり、前者「上への超越」とは「神」（God）への超越であり、後者「下への超越」とは、インドの「空」が中国化された「無」（nothingness）への超越である。キリスト教とイスラム教（その先駆としてのユダヤ教）は前者であり、仏教のあるもの（特に禅宗）では、インドの「空」（śūnya）が変様して後者になった。つまり前者では「神が汝を愛したように、汝は隣人を愛しなさい」という、人から「神」へ上っていって人と人との関係に移る。後者では人が座禅などにより「無」の境地に下っていって、そこから再び戻って人と人、人と自然とが結ばれる。これが西と東における「精神革命」の典型的な遺産であり、今日でもそのまま持続している。

筆者はこの「精神革命」の遺産、その「縦への超越」を無視したり、軽視したりしようというのでは決してない。否、現在においてもそれは貴重な遺産として保持され、重視される意義を担っていよう。しかし問題はそれにのみとどまっていていいのかということである。むしろここでは従来の考え方を一変させ、人と人、人と自然との横の結びつきこそ実のところ、根源的なものであり、これを実現する「横への超越」のほうが第一次的に重要で、「神」や「無」への「垂直超越」は、この「水平超越」を可能にするために二次的に求められたのだと捉え直してみたい。そして今日の文化文明的状況においては、東と西の宗教的対立や、科学と宗教の不毛な拮抗を根本的に超え出てゆく、「横への超越」の根源として、「宇宙連関」なるものを新たに提起しておきたいのである。

4 「水平超越」の根源としての「宇宙連関」

人と人、人と自然とを結びつけ、「水平超越」を可能とする「宇宙連関」(cosmic correlation, kosmischer Zusammenhang) とは、いかなるものであるのか。

それは宇宙のビッグバンから始まって、今日の人類社会ができあがるまでの、素粒子の結びつき、細胞の結びつき、生物相互の結びつき、人間の結びつきを実現せしめている、あえて大和言葉で言えば、「ともいきのきずな」である。この宇宙的規模での連関の構造は、現在の素粒子論や生命論や生態学、動物行動学、認知科学、脳神経科学、「心の理論」などの発達により、きわめて明らかなものとなりつつある。一例として「ミラーニューロン」(mirror neuron) の研究をあげておこう。*2

これが発見されたのは一九九〇年代で、イタリアのパルマ大学におけるジャコモ・リゾラッティを中心とする脳神経科学者たちの成果である。最初はアカゲザルの運動にかかわる脳神経の研究をしていて、実験者が餌としてバナナを「つかみとる」とき、その実験者の脳のニューロンの活動する部位と同じ部位(F5野)が、被実験者サルの脳においても、まるで「鏡にうつしとったように」活動していることが見出された。しかしこのような「ミラーニューロン」の現象はサルだけでなく、人と人とのあいだにおいても、その学習とか感情や情緒の生起においても生じていることが実証された。ここにひとりの人が悲しんでいるとする。この悲しみを引き起こしているニューロンの部位を今ではfMRIなどで観測的に定めることができるが、そのときそれを見ている人（例えば私）の大脳の同じ部位のニューロンがやはり発火している（活動している）のである。つまりそのとき私はその人の悲しみと同じ悲しみ（たとえ強度の違いはあれ）を感じているのであり、そこから同情とか憐憫とかの感情同化（empathy）が起こる。つまり「ミラーニューロン」というのは「他者の意識、喜びや悲しみを直接に理解することを可能にする」もので、自己を他者へとつなげる「他者理解」の基礎となるものと言える。そういうものが脳には生来そなわっている。どうしてこの「ミラーニューロン」のようなものができあがっているのかといえば、それはわれわれの背景にある共通の進化というものを前提としなければならないだろう。われわれの社会関係――その道徳性の起源などもこのような宇宙的「つながり」の進化の結果として生じているということになる。

もちろんこうした「宇宙連関」の諸相は、最近の諸科学、諸学問の領域でまだ各個別分散的に研究されているだけだが、それらの成果が次第に統合されるなら、その全貌もやがて明らかになるであろう。そしてこのようにして明らかにされる「宇宙連関」こそが、「横への超越」を可能にする根源だと認められるときが来るように思う。そこから道徳、倫理、そして宗教の在り方も再考されることになろう。

この「宇宙連関」は、各文化圏の地域性や特殊性に拘束されていないことがまず注目されねばならない。それはキリスト教圏にも、仏教圏にも、イスラム圏にも通底してあてはまる事実である。この宇宙的相互作用を手がかりとして、地域的文化的差異を超えて、また宗教と科学の対立を超えて、二一世紀のこれからの人類がともに生きてゆく地球的な精神原理が新たに創出されるように思われる。しかしそのためには、「科学革命」以来の近代科学の在り方のほうも、再検討される必要がある。

5　「科学革命」と「宇宙連関」

一七世紀を中心として、西欧世界にのみ起こった「科学革命」は、筆者の比較文明論の枠組みで言えば、人類史の第五の大変換期であり、その成果は世界に拡がり、現代にまで連なる近代文明の骨格をつくり上げてきている。しかしその後三五〇年ほど経過した今日では、その再検討が必要となっている面があると言えると思う。

まず「科学革命」の内容といえば、それはいわゆる「近代科学の成立」と重なるものであり、一六世紀中葉のコペルニクスによる太陽中心の地動説の提唱に始まり、一七世紀のガリレオ、ケプラー、ニュートンらによる近代天文学、近代力学の基礎の確立にいたり、それが他の分野の諸科学の近代化にも波及する。その結果、それまで古代・中世を通じて支配してきたアリストテレス的な地球中心の天動説に基づくいわゆる「コスモス的世界像」による宇宙観と自然観が根本的に転覆し、代わって近代科学の基礎をつくり上げる新しい自然観が形成された。それは大きく分けて思想的には、次の二つのものであったと言ってよいと思う。その第一はデカルトによりつくり上げられた「機械論的自然観」(the mechanistic view of nature)であり、第二はフランシス・ベイコンにより創唱された「自然支配の理念」(the idea of dominance over nature)である。続く一八世紀において、前者は「啓蒙思想」を生み出し、後者は「産業革命」をつくり出し、ともに近代文明を形成し発展させる重要な思想的根源となった。

このデカルトの「機械論的自然観」もベイコンの「自然支配の理念」も、それ以前の思想体系にはなく、「科学革命」によって初めて創始されたものであることに注目しておかねばならない。

たしかに一七世紀西欧の「科学革命」以前にも、世界にはさまざまな形態の「科学」はあった。ギリシア科学、中国科学、インド科学、イスラム科学、中世ラテン世界の科学などである。しかしそのいずれにおいても、この二つの思想（機械論的自然観と自然支配の理念）はなく、この両者は、「科学革命」が新たにつくり出した、その思想的基盤なのである。そしてまた「科学」と「宗教」の対立ということも、この西欧「科学革命」以後、特にその一つの帰結として出現した「啓蒙思想」以後のことなのであって、こうした伝統の下にないそれ以前の諸「科学」（ギリシア科学、イスラム科学など）においては、この両者の対立などそもそもなかった。なお因みに、デカルト、ベイコン、ガリレオ、ケプラー、ニュートンら「科学革命」初期の科学者たちはみな篤信のキリスト教徒であって、むしろその自然研究の中に神の存在の根拠を求めたとさえ言える。しかしその後の人間理性による「神の棚上げ」にともなう近代科学の世俗化によって初めて「宗教」と「科学」の分離闘争が起こったのである。けれどもその源泉は、あくまで「科学革命」にあるのであり、その思想的基礎を据えたさきの二つの新たな「思想原理」が、生み出したところの内容を今一度吟味してみねばならない。それらは近現代の文明形成の根底をつくった大きな功績を持つのではあるが、今日の第六の転換期「環境革命」の時代においては、見直さねばならないものがあるからである。

まず、デカルトの「機械論的自然観」というものはどのようなものなのであろうか。それは一言でいえば、自然を「機械」であるとみることである。つまり一切の外的自然は、すべて形、大きさだけを持った一様な幾何学的「延長」（extensa）に還元され、この量的延長を切り刻んだ粒子の運動によってすべては説明される。そこからは質的なもの、生命的なもの意識的なものはすべて排除される。他方デカルトの有名な「我思う、ゆえに我在り」（cogito, ergo sum）の言葉のように、その自然を認識する人間の側には「思惟」（cogitatio）というものがあるが、それは自然の外に出てしまって、自然をもっぱら操作し支配するものとなる。デカルトのつくった近代科学のパラダイムは、この「思惟」と「延長」の二元論に基礎を置いている。そこにおいてどのようなことが起こったかといえば、まず自然の機械化、つまり自然の「死物化」がある。そして自然を認識する人間は、自らは自然の外に立ってこれを分析するという自然の「外物化」がある（本来人間は自然の一部であるにかかわらず）。そしてさらに自然からその創発的発展、つまり自律的な自己形成性をまったく奪うことになった。[*3] 最後に自然は機械としてその部品、つまりそれをつくっている要素の確認に力を注ぎ、すべてをその要素に還元してみる「要素還元主義」に陥っていく。要素が確定されなければ、それらのあいだの関係はないわけだから、この要素探究は疑いもなく重要で、この点ではデカルトの「機械論」は大いに力を発揮してきた。しかし現在ではバラバラな要素、成分の確認だけではなく、それらを結びつけてゆくものの研究のほうが重要になってきている。例えば素粒子論における素粒子と素粒子を結びつける媒介粒子の研究とか、分子生物学の遺伝子相互の関係を研究するエピジェネティクスとか、さらには細胞間の情報交換の研究、霊長類の集団形成、人間同士を結びつける社会脳の研究などみなそうであって、機械論的な要素「還元主義」（reductionism）に対して、「統合論」（holosophy——筆者の造語）の必要が要請されている。このような「つながり」の研究をさらに層的につなげてゆけば、それがここで言う「宇宙連関」となるのである。現在の科学は、このように「宇宙連関」をさまざまな局面において研究し、明らかにしつつあると言える。

つぎにベイコンの「自然支配の理念」のほうはどうなのであろうか。ベイコンはそれまでのアリストテレスの自然学のようなものは、たんに思弁的なものであって、なんら自然に対する支配力を持つものではないと指摘し、新たに「実験」の重要性を主張し、それによって自然に浸透する「力ある知」（知は力である——scientia potentia）を実現し、自然の上に「人間の王国」を建設しようとした。この理念は、その後の「ロイヤル・ソサイアティ」に受けつがれ、やがて「産業革命」の出現となり、実現された。ベイコンがしばしば「産業革命の預言者」と呼ばれる所以である。ベイコンが望んだ、自然の上の「人間の王国」は今や、立派すぎるほどに建設され、われわれはこの近代技術文明の果実を十二分に享受している。しかしこの「力ある知」により長く収奪され続けてきた自然は、今や耐えかねてガラガラと音をたてて崩れ去ろうとしているのが、現在の「環境問題」である。したがってここで一つの問題提起をしておかねばならない。今日の「科学」はしばしば「科学技術」と呼ばれ、「技術」と一体化してしまっている。初めは「科学・技術」と中に点が入っていたが、今ではそれもなくなっている。英語ではscience and technologyとしてこの二つは別物であるが、日本では一体化し、むしろ後者の「技術」のほうに重点が置かれて「科学」はそれとの関係で評価されている気味さえある。しかしこれは錯誤である。「科学」はあくまでも「宇宙連関」を明らかにしようとする知的営為であって、技術はその知識を利用して人工物を作り、人間の利便を増大させようとするものである。もちろんこうした技術のもたらす利益も重要であり、これからそれがますます発展してゆくことは予想される。しかしその技術的応用・発展にはまた多くの危険も伴っている。原爆や原発のような核科学の技術的応用、ヒトゲノムの人工的配列による人造人間の製造、人間そのもののロボット化のようなきわめて危ないものがある。その進め方には充分な注意が必要であろう。筆者の考えでは「科学」はあくまでも「宇宙連関」を研究するものであって、「技術」はその二次的結果として生ずるが、「科学」はもともと「技術」のためにあるものではない。これがベイコンの「力ある知」の理念が浸透発展して強化され、何かその間に逆転現象を起こしてしまっているのは、改められねばならないと思う。

6　おわりに

「宗教」と「科学」は、今日ではこの両者の間に「宇宙連関」という共通項を導入することにより、自ずと統合されるのではないかというのが、筆者が最近たどりついた結論なのである。このようなアイデアは、まったく新しくまだ提出されたことがないから、にわかに受け入れられることはないかも知れないが、これから数十年もたったらあるいは見直される可能性のあるものとして、ここに提起しておくのである。

「宇宙連関」と言っても、それはすでに完成されているものではない。これからの研究によって、まだ残っている多くの隙間が埋められてできあがるものである。しかし素粒子からわれわれの社会まで、ひとつながりの連続としてあることは、「ビッグバン」から「社会脳」の形成にいたるまでの進化の歴史を顧みても、今や確実である。だがいったい、このさまざまな段階の相互作用によっている、この大きな「つながり」の体系としての「宇宙連関」は、どうしてできあがっているものなのだろうか。いったい何がその「つながり」をつくっているのだろうか。それは驚きであるとともに謎である。人格神による創造などは信ぜずとも、そこにはやはり何か一種の something great の力を感ぜざるを得ない。しかしそれは何も神秘主義に陥るのではなく、学問的努力によって一歩一歩解決されてゆくべき偉大な事実なのである。「宗教」のところで論じた「水平超越」とは、この「科学」によって明らかにされる「宇宙連関」の果てにある。

さてわれわれは「はじめに」において、「科学」は「世界がいかにあるか」を研究するものであり、「宗教」は「この世界でいかに生きてゆくべきか」を問題とするというテーゼをもって始めた。そして「科学」が「世界がいかにあるか」を研究するときは、価値中立的で客観的であると言われている。たしかに「科学」は一人よがりのものでなく、他の科学者と成果を分け合う客観的なものであり、やがて人々の間に共有される。しかしその研究はまったく価値中立的であろうか。科学者が自らの研究対象を選択し、その分析に向かうとき、その営為に「価値」を見出す主体的関心が必ずあるはずである。それはその研究に意義あり、とするその人の「生き方」と無縁ではあり得ない。逆に「いかに生きるべきか」を問う「宗教」の側は、「この世界がいかにあるか」ということと離れてはあり得ないだろう。単に従来の伝統的信条（ドグマ）を墨守して、現実の在り方を無視する信仰など、真に力あるものとはならない。

したがって「世界はいかにあるか」という問題と「世界をいかに生きるか」という課題は決して無関係ではないことを確認して、この稿を終えたい。

注（参考文献）

＊1　伊東俊太郎「「精神革命」の時代（Ⅰ）――ソクラテス・孔子・仏陀・イエスの比較研究」『比較文明研究』（麗澤大学比較文明文化研究センター）第一三号、二〇〇八年、一―五三ページ

伊東俊太郎「中国における「精神革命」――孔子を中心として」『比較文明研究』第一八号、二〇一三年、一―二五ページ

伊東俊太郎「インドにおける「精神革命」――ゴータマ・ブッダを中心として」『比較文明研究』第二〇号、二〇一五年、一一五―一五八ページ

伊東俊太郎「イスラエルにおける「精神革命」（Ⅰ）――古代イスラエルの社会と思想」『比較文明研究』第二二号、二〇一七年、七九―一一五ページ

伊東俊太郎「イスラエルにおける「精神革命」（Ⅱ）――イエスを中心として」『比較文明研究』第二三号、二〇一八年（予定）

＊2　ジャコモ・リゾラッティ＆コラド・シニガリア『ミラーニューロン』柴田裕之訳・茂木健一郎監修、紀伊國屋書店、二〇〇九年（Giacomo Rizzolatti & Corrado Sinigaglia, *Mirrors in the Brain, ――How Our Minds Share Actions and Emotions*, Oxford University Press, 2006.）

マルコ・イアコボーニ『ミラーニューロンの発見』塩原通緒訳、早川書房、二〇〇九年（Marco Iacoboni, *Mirroring People; the New Science of How We Connects with Others*, Farrar, Straus and Giroux, New York, 2008.）

クリスチャン・キーザーズ『共感脳』立木教夫・望月文明訳、麗澤大学出版会、二〇一六年

（Christian Keysers, *The Empathic Brain; How the Discovery of Mirror Neuron Changes Our Understanding of Human Nature*, Social Brain Press, 2011.）

＊3　自然の自律的発展・展開を否定したデカルトの「機械論的自然観」への代替として、自然の「創発的自己組織性」を主張した筆者の論文「創発自己組織系としての自然」、伊東俊太郎『変容の時代――科学・自然・倫理・公共』麗澤大学出版会、二〇一三年を参照。

推薦書

従来「科学」と「宗教」の関係について、欧米の出版物を含めて、筆者のような見解に立ったものはなく、したがって本稿との関係で推薦すべきものは見当らないが、しかし読者のために、「科学」と「宗教」の関係を論じている代表的著作をあげておこう。

ジョン・ポーキングホーン『科学時代の知と信』稲垣久和・濱崎雅孝訳、岩波書店、一九九九年（John Polkinghorne, *Belief in God in an Age of Science*, Yale University Press,1998.）

A・E・マクグラス『科学と宗教』稲垣久和・倉沢正則・小林高徳訳、教文館、二〇〇三年（Alister Mcgrath, *Science and Religion:A New Introduction*,Wiley-Blackwell,Oxford,1998.）

J・H・ブルック『科学と宗教――合理的自然観のパラドクス』田中靖夫訳、工作舎、二〇〇五年（John Hedley Brooke, *Science and Religion:Some Historical Perspectives*,Cambridge University Press,1991.）

やや筆者の見方に近づくものとしては、次著をあげておく。

井上順孝編『21世紀の宗教研究――脳科学・進化生物学と宗教学の接点』平凡社、二〇一四年

第2章　キリスト教以前の科学と宗教

山口義久

古代ギリシアにおいて理論天文学が成立する出発点となったのは、プラトンがアカデメイアの学者たちに出した惑星の見かけ上不規則な動きを説明するという課題である。これに立体運動幾何学モデルで答えようとする試みが惑星の運動理論を発展させた。この経緯をふまえて、ギリシアには、理論科学が成立するためにどのような要因があったのかを考察する。その中に、神と人間を対比する一種の宗教的発想があったことに脚光を当てたい。

【テオーリアー】

theory の語源で、「観想、観照」とも訳される。文字通りには「観ること」を意味し、実践や製作と対比される場合には、純粋に、知ること自体のために知ることを意味する。

【年周視差】

地球が太陽を回る軌道には大きさがあるため、軌道上の位置によって恒星が見える角度が変わること。初めて観測されたのは一九世紀で、古代の観測精度では検知されなかった。

【クセノパネス】

紀元前六~五世紀に活動した詩人。神を人間に似たものと思い描く見方を批判し、神と人間を峻別して、探求の重要性を指摘することによって、哲学を自覚的な知の探求にした。

序　宗教についての予備的考察

まず、科学と宗教というような対比が成り立つためには、それぞれが明確に理解される概念でなければならない。科学を自然科学という意味に限定すれば、比較的明らかなものであると思われるが、宗教はそれほど簡単ではない。日本の神道あるいは神社信仰とキリスト教が両方とも宗教と呼ばれるとき、どこが共通しているのかと問われると困惑することになるが、それは不思議なことではない。苦し紛れに出てくる答は、どちらも神を信じることだというものになるかもしれないが、神社の神とキリスト教の神は、日本語でたまたま同じ言葉が当てられているに過ぎないとも考えられる。[*1]

また、教義や信徒の有無という観点から考えても、神道とキリスト教に共通する「宗教」概念とは何であるかは答えにくい問題だと感じられる。さらに、神への信仰を宗教の特徴とする見方は、仏教が宗教か否かという問題にも直面するだろう。仏教はインドの伝統的な神々を取り込んだが、それらは仏教の守護神としての従属的な役割を果たすにとどまるし、大乗仏教の大日如来も、神ではなく、仏法の具象化イメージと表現できるものにほかならない。結局、宗教を狭い概念規定で捉えようとすれば、一般に宗教と見なされているものの多くを排除することになるし、宗教の範囲を広くとれば、ゆるやかな規定で満足せざるを得なくなるだろう。[*2]

そのような事情をふまえて考えるとき、科学と宗教の関わりを抽象的なレベルで考えることから、何らかの意味のある成果が出てくるとは、私には到底思えない。特にキリスト教の場合には、非常に複雑な歴史的な変遷があり、その歴史における他の宗教や科学との関わりを考えなければ、その本質を理解することはできない。その歴史性という観点からも、あと二つの（キリスト教の）姉妹宗教、すなわちユダヤ教・イスラム教と簡単に同列視するのは間違いである。そのような事情を無視することが、昨今の欧米を中心とした、特にイスラームをめぐる混乱の一つの要因ではないかと私は考える。*3

1　古代ギリシアの理論天文学

私に与えられたテーマは「キリスト教以前の科学と宗教」であるが、この「以前」という限定の背景には、科学の歴史の中でキリスト教が演じた役回りがあるであろう。言い換えれば、キリスト教が科学と、ある場合には衝突して来た歴史がある。それは、西暦一世紀以降のキリスト教成立初期の段階までさかのぼられるものではない。むしろ、古代哲学からの影響などをふまえてキリスト教神学が形作られることによって、初めて科学と対立する可能性が生まれたと言えよう。とりわけ、キリスト教以前のアリストテレス哲学や自然学が中世後期のヨーロッパに受け入れられたことが、科学と宗教の対立を生む大きな要因になった（ただしその対立は、急激に生じたわけではなく、例えば一四世紀のニコル・オレームは、まだ地球の自転について自由に論じることができた）。そういうわけで、ここでは「キリスト教以前の」という限定を、科学との関係に表れるようなキリスト教の特異性が成立する以前という意味で用いることにする。ここでとり上げる話題の大部分は紀元前の話になるが、ここでの考察を特にキリスト教が誕生する以前の時代に限定することはしない。

古代ギリシア（以下「ギリシア」）の科学の中から、今日とり上げるのは、ギリシアの天文学である。天文学の分野では、メソポタミアが先進地域であり、紀元前二千数百年からの天体観測の記録が楔形文字の粘土板に残されている。それに対して、ギリシアは後進地域だったと言えるが、そこで天文学の、ある種の質的な転換が起こったことに注目したい。それは、惑星の運動に関する数学的なモデルによる説明であり、メソポタミアの天文学が観測天文学であったのに対して、理論天文学と呼べるものである。また、そのような研究の過程で、所謂地動説の説明も現れている。この理論天文学は、いかなる発想に基づいていたのか、その発想と宗教とは、どのように関係していたのかを考察したい。

そのような理論天文学の端緒は、ある史料によれば、プラトンがアカデメイアの学者たちに提出した課題にある。[*4] その課題とは、「どのような、均一で秩序正しい動が仮設として前提されれば、惑星の運動に関する現れが救われるか」というものであった。「惑星の運動に関する現れ」というのは、惑星が見かけ上（恒星とは違った）不規則な動きをしていることを指している。その不規則性が規則性によって説明される事態が「仮設を立てることによって救われる」ことである。そして、その仮設の条件として「均一で秩序正しい動」があげられているのだと読める。

惑星の運動を説明する最初期のモデルとして、おそらくアカデメイアで提案された、エウドクソスのものが有名である。[*5] これは、地球を中心とする複数の同心球の回転運動の組み合わせによって、水星の見かけの運動に見られるようなループ型の軌跡を描く運動を再現できるモデルではあったが、惑星ごとのエウドクソスの詳細な計算にもかかわらず、観測データと完全に一致する結果を生むことはできなかった。そこにさまざまな改良が加えられて行くのが、その後の天文学の展開となるのである。

誘導円や周転円、離心円その他の手段を導入して行われた、そのような改良の終着点が、二世紀のプトレマイオスの複雑な体系である。[*6] しかし、プラトンが与えたとされる課題との関係で考える限り、プトレマイオスのモデルは、観察データとは合致していても、プラトンに由来する「均一で秩序正しい動」という要求を満たしているかは疑問である。その限りにおいては、プラトンの課題に初めて十分に応えたのは、一七世紀におけるケプラーだと、私には思われる。[*7] 楕円軌道という点で「秩序正しさ」を、面積速度一定という点で「均一性」を満たしているからである。

2　古代の地動説

さて、メソポタミアの観測天文学が経験科学として大成したのに対して、ギリシアにおいて理論科学の扉が開かれたと言えることが、今の簡単な概観からもわかるであろう。このことについてさらに考察しなければならないのは、そのような理論科学が成立するためにどのような要因があったのかである。メソポタミアには明らかなかたちでは存在しなかったのに、ギリシアにはあった要因とは何であったのか。この問題を考察する前に、惑星の運動理論の探求の過程で出された興味深い説を見ておきたい。この説がどのような扱いを受けたかは、科学と宗教の関わりの、ある側面を照らし出すと思われるからである。

その説とは、紀元前三世紀に活動した、サモスのアリスタルコスの太陽中心仮説である。プルタルコスはアリスタルコスの考えに言及して、彼の考えは「天が静止していて、地球は斜めの円軌道を回り、同時にそれ自身の軸の回りを回転すると考えることによって現象を救おうとする彼の試みの結果である」と言っている。[*8] この「現象を救おうとする試み」という表現に、プラトン的課題への意識を読み取ることが可能だと思われる。その試みが、コペルニクスを先取りするような、所謂「地動説」となっている点が注目されるのである。

よく天動説という言葉が普通に使われるが、それは地動説との対比で初めて意味を持つ語である。洋の東西を問わず、太陽が東から昇り西に沈んで、また次の日東から昇るという経験に変わりはなく、天動説というような特別の意識なしに、太陽その他の天体は地球のまわりを回っていると考えるのが自然だと言える。したがって、この見方は、本来特に特別の宗教的信条と結びつけられることはなかったものなのである。

そのような意味で、古代における「地動説」は、通常とは異なる特殊な見方の表明として注目に値する。地球を宇宙の中心に置かなかった最初の人は、ピュタゴラス派のピロラオスだと見なされている。彼の考えでは、宇宙の中心には火があって、そのまわりを太陽、月、五つの惑星、天球、そして地球と、地球からは見えない対地星という一〇の天体が回っているというものである。

この考えにアリストテレスは「ピュタゴラス派」の考えとして言及しているが、[*9] 一〇が完全数であるために ピュタゴラス派が辻褄あわせのために「対地星」を導入したという点を強調するだけで、地球が中心から離れているという点には、特に注目していない。このことは、地球が中心か否かという点が、彼にとって他の問題と比較してそれほど重要ではなかったということを意味するであろう。もちろん、ピロラオス自身も、地球が中心にあるか否かという問題意識をもってその説を出しているようには見えないので、アリストテレスの扱いが不適切なわけでもない。

それと比較すると、惑星の運動を説明する理論の探求の過程で出された、アリスタルコスの地動説のほうが、今の問題連関からは、はるかに重要と思われる。これは、プルタルコスの紹介では、天が静止しているのに対して、地球が自転軸から見て傾いた円軌道を回っているという考えであったが、その円軌道は、太陽を中心とするものであることが、次に見るアルキメデスの証言から知られる。その結果、地球が傾いた軸のまわりを自転しながら、太陽のまわりを公転しているという、太陽と地球の関係に限って言えば、コペルニクスの説明と実質的に同じものがアリスタルコスによって提出されていたことになる。

このような説の存在を聞くときわれわれは、どうしてその（われわれから見て正しいと思われる）説が主流にならなかったのだろうと疑問に思うのが通常である。そして、ガリレオ裁判を連想する人は、古代においても地動説に対する偏見や反感が強かったのだろうと想像するであろう。しかし、この説の扱われ方を見ることによって、キリスト教以前の科学と宗教の関係が、ガリレオの時代とは異なっていたことを確認することができるのである。

アルキメデスがアリスタルコスの説を紹介しながら批判している箇所を見てみると、アリスタルコスは「太陽の中心と中心を同じくする恒星天球はきわめて大きくて、彼が地球が軌道として回っていると考える円の、恒星までの距離に対する比が、その天球の中心がその表面に対する比ほどもあるという仮設を立てている」と言われている。[*10] ここに「仮設」という表現が出てくることも注目に値するが、続く部分にはアルキメデスによる批判が見られる。すなわち、彼は「これが不可能であることを見るのは箇単である。なぜなら、球の中心は大きさを持たないので、球の表面に対してどんな比を持つとも考えられないから」と言うのである。つまり、アリスタルコスが、地球が太陽を回る軌道とその軌道から恒星までの距離の比が、恒星の天球の中心点とその天球の表面の比と同じだと言ったと紹介しながら、大きさを持たない中心点と球の表面の間に比は成り立たないから、アリスタルコスの言うことは不可能だと主張しているのである。

大きさのないものと大きさとの間に比が成り立たないということはその通りであるが、アリスタルコスは、なぜそのように批判されることを言ったのであろうか。このことは、彼が年周視差を考慮したからだと解釈される。[*11] 地球が太陽を回る軌道が無視できない大きさであれば、軌道の両端に地球があるとき、例えば冬至のときと夏至のときでは同じ恒星の見える角度が違うはずである（ただし、これが初めて観測されたのは一九世紀で、古代の観測精度では検知されなかった）。そのような違いが観測されないために、地球の軌道は無視できる大きさだというのが彼の意図だと考えれば、それを点と同一視したことの意図は理解できよう。

ここで注目されるのは、アルキメデスの批判が、地球を中心としないことに向けられているわけではなく、アリスタルコスの説明の数学的な側面に向けられていることである。宗教的な偏見のようなものは、見当たらない。そのような偏見のようなものをアルキメデス以外のところに探すと、プルタルコスがアリスタルコスの説を紹介している箇所で、ストア派のクレアンテスがその説を、地球を動かす「不敬神」な考えとして批判したことに言及しているのに出会う。[*12] クレアンテスの思想からすると、この発言はむしろ奇異な印象を与える。彼は、太陽を「万物の主人であり支配者である」と考えたので、太陽を中心とする説はむしろ彼にとって歓迎されてしかるべき見解だと思われるからである。

一般的に言って、ギリシアにおいて、地球が宇宙の中心にあるという見方が説明される場合には、大地を天に比べて劣ったものと見なし、劣ったものが下（つまり宇宙の中心）にあると語られるのが通例であるので、したがって、プルタルコスによって紹介されているかたちでのクレアンテスのような見解はむしろ例外的なものであったと言える。

それなら、アリスタルコスの考えは、なぜ主流にならなかったのか。アルキメデスの指摘するような不備があったからというよりはむしろ、観測データと合わなかったという理由のほうが大きいと考えられる。一六世紀のコペルニクスには、すでに千年以上の伝統をもつプトレマイオスの体系があったが、アリスタルコスの時代は、説明モデルを観測データに近づけるために、まださまざまな改良が必要な段階であり、太陽を中心とすることは、その問題の解決に結びつくものではなかったのである。そのようなメリットがなければ、アリスタルコスの説明を取り入れる必然性は全然なかったであろう。

3　ギリシアにおける理論科学の要因

それでは、ギリシアにおいて、惑星の運動理論というかたちで理論科学が始まった背景には、どのような要因があったのかという、今日の中心課題に戻ることにしよう。メソポタミアには明らかなかたちでは存在しなかったのに、ギリシアには存在した条件とは何であったのか。そこには、ギリシア人の宗教的な発想も関わってくることが、特に今日のテーマとの関係で重要と思われる。

一つのポイントは、理論と訳されるtheoryの語源が、ギリシア語のテオーリアー（theoria 観想、観ること）であったことにある。例えばアリストテレスは、観想を実践や制作と対比しつつ尊重した。この「観想」を「理論」と言い換えても対比は成り立つであろう。彼に限らず、ギリシアの哲学者（言うまでもないことだが、当時科学の問題は哲学者が考えた）のあいだには、ある程度共通する特徴として、実用や利得を離れて、知ることのために知ることを求める傾向が強かった。それを知ることが役に立つかどうかよりも、本当のところはどうなのかを知ることのほうが優先されたということである。

天文学という学問は、少なくとも最初は実用を目指して追求されたと思われる。正確な暦を作ることは、農作業の成否を左右するので、太陽と月の観測が古くから行われていたのも実用的な目的のためであった。メソポタミアの天体観測の記録は、しばしば占いとともに記録されているので、占星術的な目的も、観測天文学の動機の一つと言えるであろう。しかしながら、惑星の運動理論を作り上げることは、どちらの目的にも直接には役立たないのである。

二つ目の要因として、人間の思われと真実とを区別する視点がある。思われの中には現象として現れるものも含まれる。目に見える現象がそのまま現に起こっていることだという前提で考えている限り、それとは違った秩序があるとは想像されないだろう。ギリシアにおいては、現象の背後に、明らかには現れない真実があるという発想があった。その発想がどこから出て来たのかについては、あとでもう少し考えてみたい。

三つ目の要因として、探求を支える方法論があったということがあげられる。プラトンが出したと伝えられる課題は、仮設を立てることを求めるものであった。プラトンはそのような仮設の方法について

『パイドン』（一〇〇A—一〇一D）の中で書いている。簡略化して言うと、まず、説明されるべき事実があって、そのような事実をもっともよく説明できると思われる言論を仮設として立てることが行われ、その仮設をいわば検証する手続きがそれに続くというものである。

だが「説明されるべき事実」というものは、客観的に存在するものではない。例えば、不規則な動きに見える惑星の運動が、真実には、見かけと違うものなのではないかというような予想がなかったら、「説明されるべき」という見方はそもそも出てこない。その意味で、仮設の方法を支える発想として、真実と思われの区別が、そして現象の背後に真実が潜んでいるという見方があるのである。

方法論としては、この仮設法だけでなく、帰納法その他の思考法が考えられていたが、それにとどまらず、実際に仮設を立てるために必要な学問的手立てがなければならなかった。ギリシア天文学の場合には、その背景として数学（幾何学）の進歩があった。エウドクソスのモデルは、数学としては、立体運動幾何学と呼べるものに基づいており、そのような技術が駆使できたことは、幾何学的な手立てが有効に活用できたということである。

4　ギリシアにおける宗教と科学

それでは、人間の思われと真実の対比の発想はどこから出てきたのであろうか。それを探るためには、ギリシアにおける宗教のあり方について見てみる必要がある。宗教と科学の関わりという観点から見てみると、ヒッポクラテス文書の『神聖病について』などには、病気の原因を超自然的な力に帰すことを避ける態度が見て取れる。ヒッポクラテス学派の本拠地であったコス島にもアスクレピオス信仰の跡が残っており、患者の治療にあたって神の加護を祈ることもあったと想像される。ここに見られるのは、神の介入による病気の説明から脱する科学的な態度と、神を認める宗教的な態度の共存である。

真実と思われの対比という観点からは、紀元前六世紀から五世紀の初めにかけて活動した詩人クセノパネスが果たした役割が注目に値する。ギリシア人の人間観の特徴として、人間を「死すべきもの」とする捉え方がある。これは人間と神（不死なるもの）を対比する見方であり、人間には超えてはならぬ分があると考え、その分を超えた行為は「ヒュブリス（傲慢）」という罪だとする見方もあった。クセノパネスは、そのように神を人間と対比する宗教観を継承し、それをさらに先に進めたとも言える。

彼は、そのように人間と対比される存在にしては、神話に描かれる神々の姿は情けないと考えて、叙事詩人たちを批判したのである。「ホメロスとヘシオドスは」と彼は言う、「ありとあらゆる無法の行いを神々のものとして物語った――盗むこと、姦通すること、互いにだまし合うこと」（断片12）[*13]。つまり、神話に描かれる神々は、人間を超える力を持ちながら、不道徳な行いをしている。これは、神のせいではなく、詩人の描き方のせいだというわけである。

そもそも、人間が抱く神のイメージに問題があるということを彼は指摘する。「人間たちは神々が［人間がそうであるように］生まれたものであり、自分たちと同じ着物と声と姿を持っていると思っている」と言うのである（断片14）。旧約聖書の「創世記」（1：27）に、「神は自分のかたちに人を創造された」と言われるのもおそらく同様であろうが、人間は自分が神の姿に似ていることを、自らの優秀性の表れと思いがちである。

クセノパネスは、そのことをユーモラスな喩えでやんわりと批判する。「しかしもし牛や馬やライオンが手を持っていて絵をかき、人間たちと同じような作品をつくりえたとしたら、馬たちは馬に似た神々の姿を牛たちは牛に似た神々の姿を描くことだろう」（断片15）。すなわち、人間たちは神を人間に似た姿で描くことで自分を高めたつもりになっているが、それは牛や馬でも（可能でさえあれば）することに過ぎないということである。

クセノパネスは、まったく違った神の像を描いて見せる。「唯一なる神は——神々と人間どものうちで最も偉大であり、その姿においても思惟においても死すべき者どもに少しも似ていない」（断片23）。神が唯一だと言ったすぐあとで「神々」と言うのは矛盾のように聞こえるかもしれないが、ギリシア語で「神々」という言葉は、さまざまなレベルの神的存在を含むものであったので、当時の人に奇異に感じられたとは思えない。[*14] むしろ「死すべき者どもに少しも似ていない」という言葉のほうが新奇なものに聞こえたであろう。

彼の描く神の姿は、人間との対比を考えながら読むと理解しやすくなる。神が「全体として見、全体として思惟し、全体として聞く」（断片24）と言われるとき、人間の見聞も思考も部分的なものに過ぎないということが同時に意味されている。そのことは、神のみが真実を知り、人間は（かりに正しいことを言い当てた場合でも）知っているわけではないという帰結を導く。つまり、人間には真実の知はなく、思わく（思われ）のみがあることになる。

このことによって、クセノパネスは、人間が「死すべきもの」であることに、文字通りの意味だけでなく、人間が知的な限界を持った存在であるという意味を与えたと言うこともできる。それと同時に、彼の言葉は、探求の必要性をも教えてくれる。彼は「神々ははじめからすべてを死すべき者どもに示しはしなかった。人間は時とともに探求によってよりよきものを発見して行く」（断片18）と言うが、人間の認識は部分的で断片的なものに過ぎないので、人間がよりよい思わくを獲得するためには、探求するほかはないのである。ここから、ギリシアにおける哲学の営みは、自覚的な知の探求となったと見ることができる。[*15]

このようにして、プラトンの仮設の考えの背後にあった、あるいはもっと一般に理論的な探求の背景にあった、真実と現象（思われ）の対比の由来をクセノパネスに見出すことができる。この対比の視点は、パルメニデスによって真実と思わく（ドクサ）の対比として継承され、彼に続く哲学者たちにも受け継がれた。たとえば、デモクリトスが、「真実にはアトムと空虚があるのみ」として、感覚される事柄を人間の「ノモス（ならわし、仕来り）」によるものとしたのも、その流れに位置づけられる。[*16]ソクラテスの「無知の知」も、神の知と人間の思わくの対比の上に意義づけられているし、[*17]プラトンのイデアという考え方を支える視点の一つも、真実と思わくの区別であった。[*18]

このように、ギリシア哲学に一つの方向性を与えることになった、クセノパネスによる神の像は斬新なものであったが、人間を「死すべきもの」として神々と対比する見方は、ギリシア人の宗教的発想の根底にあったものであり、クセノパネスはそれを先鋭化・純粋化したに過ぎないとも言える。そこから人間の知的な限界性も浮かび上がり、探求の必要性も意識されるようになると同時に、神の知が捉える真実と、人間の思わく・思われの対照も際立ってくる。それによって、彼以後の哲学者が哲学の営みを自覚的に進める道が整えられ、プラトンの仮設の方法も、その延長線上に出て来たと言えるのである。

このようにして、理論科学を生み出したギリシア人の発想の源泉には、ある種の宗教的洞察があったと言うことができる。この事情をキリスト教その他の宗教と科学の関係と比較してみることによって、宗教と科学の関係について、さらに多様な側面を見ることができると思われる。

注

＊1　*The New Oxford Dictionary of English* (Oxford, 1998) の「カミ（kami）」の項目には、god ではなく、a divine being in the Shinto religion という説明が当てられている。また、安土桃山時代の切支丹がキリスト教の神を deus の音に近い天主と呼んだことも、似たような区別が前提されていたことを示唆する。

＊2　例えば、「何らかの意味で人間を超えていると見なされるものに対する信仰、帰依などの態度」というような言い方が考えられるが、「何らかの」や「など」という表現を用いなければ規定から外れるものが出てくるという点で、これは厳密な定義から程遠いものである。

＊3　キリスト教の場合、成立時にヘレニズム（ギリシア風）文化の影響を受けただけでなく、神学の形成過程で新プラトン主義やアリストテレスなどのギリシア哲学の影響を受けた点が、その大きな特徴となっている。さらに、ルネサンスから近代を通じて、政治権力や世俗思想とのあいだにさまざまな軋轢や宥和を繰り返してきた経緯を経てキリスト教社会の今日の状況がある。これとは歴史的な経緯のまったく異なるイスラーム（特にその原理主義的傾向）を現在のキリスト教と同類のものと見なすのは、危険な無知と言えよう。

＊4　シンプリキオス『アリストテレス「天体論」注解』488, 21以下に、「ソシゲネス（紀元二世紀の著述家）の述べるところでは」という典拠をあげて紹介されている。

＊5　G・E・R・ロイド『初期ギリシア科学――タレスからアリストテレスまで』一二六－一三二頁参照。

＊6　周転円とは、地球を回る円軌道（誘導円）上の一点を中心として回る円軌道のことであり、離心円とは、地球から離れた点に中心を持つ誘導円であるが、その他の手段として導入されたものとして、惑星の軌道が実は楕円であることによって生じている方向のずれを補正するための、のちに「平準点（equant）」と呼ばれる理論上の点がある。プトレマイオスの体系については、G・E・R・ロイド『後期ギリシア科学――アリストテレス以後』特に一八八－一九八頁参照。

＊7　プラトンの課題が秩序正しい動として円運動を要求していたと想定する人は、ケプラーが楕円軌道を導入したことによって、プラトンの与えた条件から逸脱したと考えるが、少なくともプラトンの課題の定式の中には（プラトンが円運動を予想していたかもしれないとしても）円運動という条件は与えられていない。

＊8　プルタルコス『月面に現れる顔について』第六章、九二二F－九二三A。

＊9　アリストテレス『形而上学』A5, 986a8以下。

＊10　アルキメデス『アレナリウス（砂粒を数える人）』Ⅰ四－五。

＊11　ロイド『後期ギリシア科学――アリストテレス以後』九〇頁参照。

＊12　ゼノン他『初期ストア派断片集』第1分冊（中川純男訳、京都大学学術出版会、二〇〇〇年）三〇〇頁（SVF I 500）。「クレアンテスは、ギリシア人はサモスの人アリスタルコスを、宇宙の竈（かまど）を動かしているという不敬虔のかどで告発しなければならないと考えた」。内容的に、この「竈」は（訳者の指摘通り）家の中心にあるものであり、ここでは地球を指すとしか解釈できないが、なぜ地球が竈になぞらえられるかを説明する資料はない。

＊13　訳文は、『ソクラテス以前哲学者断片集』第Ⅰ分冊（岩波書店、一九九六年）に収められた藤沢令夫・内山勝利訳にならい、少し改変を加えた。

＊14　「神々」という言葉が出てくることが、キリスト教の立場から、クセノパネスの考えが真の一神教ではない証拠とされることがあるが、むしろ、キリスト教の神とクセノパネスの神のあいだには別の対比を考えることが重要であるように思われる。例えば『旧約聖書』「創世記」三章二二節でも、神が「我々の一人のように」と言うように、神が唯一存在しているのではなく、人間（『旧約』ではユダヤ人）と契約する神が唯一なのである。それに比べると、クセノパネスの神のほうが「一神教」という呼び方にふさわしいという見方も可能である。

＊15　クセノパネスより少し後輩のヘラクレイトスにも、「人間の性質には明らかに知る力はそなわっていないが、神にはそなわっている」（断片78）という見方があり、「知を愛する人々は、きわめて多くのことを探求しなければならない」（断片35）ということも語られている。

＊16　デモクリトスのこの区別は、近代において「第一次性質」と「第二次性質」として区別されるものの先駆けでもある。原子（アトム）の形や動は、それ自体は感覚されず、感覚される性質の原因であると考えられているのである。

＊17　プラトン『ソクラテスの弁明』22E-23B参照。

＊18　プラトン『ティマイオス』51DE参照。

参照文献

G・E・R・ロイド『初期ギリシア科学——タレスからアリストテレスまで』山野耕治・山口義久訳、法政大学出版会、一九九四年

G・E・R・ロイド『後期ギリシア科学——アリストテレス以後』山野耕治・山口義久・金山弥平訳、

法政大学出版会、二〇〇〇年
Pearsall, J. (ed.) (1998) *The New Oxford Dictionary of English*, Clarendon Press
Simplicius (1894) *In Aristotelis De Caelo Commentaria*, Berlin : Reimer
内山勝利ほか訳『ソクラテス以前哲学者断片集』第Ⅰ分冊、岩波書店、一九九六年
ゼノン他『初期ストア派断片集』第1分冊、中川純男訳、京都大学学術出版会、二〇〇〇年

おすすめ図書

G・E・R・ロイド『初期ギリシア科学——タレスからアリストテレスまで』山野耕治・山口義久訳、法政大学出版会、一九九四年。ソクラテス以前からアリストテレスまでのギリシア科学についてのバランスのとれた解説書。

G・E・R・ロイド『後期ギリシア科学——アリストテレス以後』山野耕治・山口義久・金山弥平訳、法政大学出版会、二〇〇〇年。前掲書の続編。アリストテレスより後のヘレニズム時代の科学を扱い、プトレマイオスにも一章が当てられている。

『ソクラテス以前哲学者断片集』第Ⅰ分冊、岩波書店、一九九六年。ディールス&クランツの編纂になる初期ギリシア哲学者断片集の全訳。全五巻からなり、クセノパネスは第Ⅰ分冊に収録。

第3章　ガリレオ裁判の真実

田中一郎

一六三二年に『天文対話』を出版したために翌年に宗教裁判にかけられ、有罪判決を受けたガリレオの受難は、キリスト教は科学の発展を妨げた、あるいは宗教と科学は対立していたという考えを確からしくさせてきた。しかし、最近になってようやく公開されたヴァチカン秘密文書庫のガリレオ裁判記録は、ガリレオが異端の嫌疑を受けた原因と有罪判決を受けた理由はもう少し複雑だったことを示している。

【ガリレオ・ガリレイ（一五六四—一六四二）】

力学では落体の法則を発見し、天文学では一六〇九年に自作した望遠鏡で月の山、木星の衛星等の発見をしたことで近代科学の基礎を築いた科学者。

【天動説】

地球は宇宙の中心にあって静止し、太陽その他の天体は地球のまわりを回転しているという説。キリスト教の教えに合致していたためにヨーロッパで広く受け入れられた。

【検邪聖省（けんじゃせいしょう）】

一六世紀に異端を撲滅する目的でカトリック教会によって設置された。業務は宗教裁判と出版物の検閲だった。裁判の場であるローマ異端審問所の名称で呼ばれることがある。

1　はじめに

ガリレオ・ガリレイが一六一六年と一六三三年の二度にわたってローマ教会の宗教裁判にかけられ有罪判決を受けたという話は、宗教が科学の発展を阻んだ代表例として語り継がれてきた。一例のみをあげれば、一九世紀末になっても「かれ（ガリレオ）はひざまずいて、その手を聖書の上におき、地動説を廃棄し呪詛することを強要された。……これほど大きな詐欺とこれほどひどい残忍とをふりまわして支持しようとするものが、はたして虚偽でないといえるだろうか。宗教裁判所によってこのように擁護された意見は、いまでは、全文明世界の嘲笑の的になっている」（『宗教と科学の闘争史』ジョン・W・ドレイパー、一九六八年、一六四ページ、原書は一八七三年）と、キリスト教に対する非難は続いていた。

たしかに、ガリレオの自作の望遠鏡による天文学上の諸発見は、太陽は宇宙の中心にあって静止し、地球を含む惑星はそのまわりを回っているとするコペルニクスの地動説の正しさを支持していた。ガリレオは観測に基づいて地動説の正しさを主張したのだが、地球が宇宙の中心にあって太陽その他の天体はそのまわりを回っていると示唆していた聖書の記述と相容れなかった。聖書を至上とするキリスト教が、ガリレオを宗教裁判にかけ、その内容に反する言説を弾圧したのだと考えられてきたのである。

ただし、ガリレオ裁判記録が部分的にでも読めるようになるのは一八世紀のことであり、さらに全面的に公開されるのは二一世紀に入ってからということに留意しなければならない。宗教が科学の発展を阻んだと広く信じられるようになったのはガリレオ裁判の全容が明らかになるはるか以前ということになるから、公開された資料に基づいて本当に宗教は科学と対立していたのかどうかについては改めて検討する必要がある。

2　天文観測と地動説の確信

一六〇九年末にガリレオは望遠鏡による天体観測を始め、その翌年にかけて数多くの発見をすることになる。その中でも重要だったのは、月の山や谷、木星の衛星、そして金星の満ち欠けの発見である。月を含む天体は神聖で完全な球であると考えられてきたから、月にも山や谷があり、地球と変わるところがないという事実は衝撃的だった（図1）。木星の衛星についても、すべての天体は地球を中心として回転していると考えられてきたのに、それ以外の中心を持つ天体があったのである。だから、太陽のまわりを地球が回っており、その地球のまわりを月が回っていると考えることもできるだろう。より決定的だったのは、金星の満ち欠けである。天動説では、太陽は地球のまわりを回転し、金星も地球を中心として太陽の内側を回転している。ただし、金星は夕方と明け方にしか見えず、深夜に天空高くのぼることはないから、太陽のそばを離れることはないとされていた。そうだとすると、金星は完全に満ちることはない。ガリレオが観測したのは、満ちるにつれて小さくなり、欠けるにつれて大きくなる金星だった。彼には、この現象は天動説では説明できず、地動説の証拠だと思われたのである（図2）。

ガリレオはこれらの発見から地動説への確信を強めていくが、当然のことながら批判が生じるのは避けがたかった。最初に批判に晒されたのはガリレオではなく、弟子のベネデット・カステリだった。一

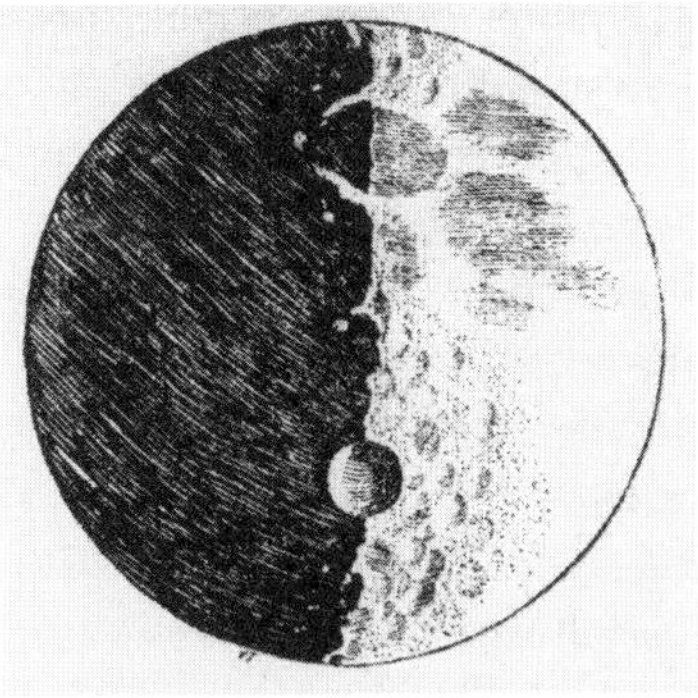

図１　ガリレオによる月面スケッチ（ガリレオ『星界の報告』1610より）

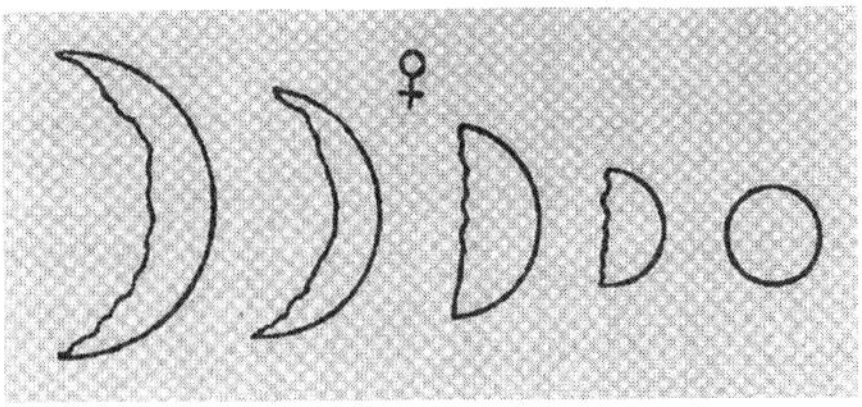

図２　ガリレオの金星の観測記録（ガリレオ『偽金鑑識官』1623より）

六一三年一二月、トスカナ大公国のクリスティーナ大公妃の朝食会に参加していたカステリがガリレオの発見を話題として出したとき、同席していたピサ大学哲学教授コジモ・ボスカリアが、地球が動くというのは聖書の記述に反していると指摘したのである。例えば、「ヨシュア記」（10：12〜13）には次のような記述があった。

　ヨシュアはイスラエルの人々の見ている前で主をたたえて言った。

「日よ　とどまれ　ギブオンの上に
月よ　とどまれ　アヤロンの谷に。」
日は　とどまり
月は　動きをやめた。
民が　敵を打ち破るまで。（「新共同訳」）

この話を聞いたガリレオはカステリに長文の手紙を書き、彼を支援した。

「聖書」には偽りや誤りがないとしても、聖書の注解者や説明者の中にはときとしてさまざまな誤りを犯すものがいるかもしれません。その中でももっとも重大でよくある誤りは、言葉に固執しようというばあいで、さまざまな矛盾だけでなく、重大な異端や冒瀆さえ生じかねないのです。……聖書の中には言葉のむき出しの意味にとると、真実からかけ離れたと思われる多くの命題があります。これは庶民の理解力に合わせてそのように書かれているのですから、賢明な注釈者は真の意味を示し、そのような言葉が述べられた特別の理由を指摘すべきです。

聖書の解釈は神学者にのみ許されていたから、ガリレオは避けねばならない神学の領域に踏み込んでしまったのである。天文学的発見だけであれば望遠鏡を通して観測した者は誰でもそれを認めざるを得なかったが、その解釈となると批判に晒されるのは避けがたかった。

3　第一次裁判

このカステリ宛の手紙はその写しが人手に渡り、一六一五年二月にドミニコ会士のニッコロ・ロリーニがローマの検邪聖省にガリレオを異端の罪で告発することになる。その告発状には「地球は動き、天体は静止していると主張するガリレオの文書を入手しましたが、これには異端の疑いがあり、聖書について述べていることも不適切です」と書かれていた。

審理ではカステリ宛の手紙が真正なものであるかどうかが問題とされ、カステリにガリレオから送られてきた手紙そのものを提出するようにという命令が出されたが、ガリレオはカステリからの要請に許可を与えなかった。

裁判が膠着状態になった三月になって、トマゾ・カッチニというドミニコ会士が証言をしたいと検邪聖省に申し出てきた。彼の証言の一つは、コペルニクスの「地球は動いて日周運動もする、そして太陽は不動であるという二つの命題は、教皇たちによって説き明かされた聖書と、したがって信仰と矛盾する。われわれは信仰のゆえに聖書に含まれているものは真実であると信じなければならないと教えられてきた」というものだったが、その他については伝聞に基づいており、後日に誤解だと判明した。

結局、ガリレオは検邪聖省に召喚されることも、被告となることもなかった。しかし、検邪聖省における審理は続けられていたのである。翌年の二月二四日に検邪聖省の顧問からなる委員会は次のような答申を提出している。

一．太陽は世界の中心にあって、いっさいの運動をしない。

全員が以下のように述べた。この命題において述べられていることはすべて哲学的にばかげており不条理であり、公式に異端である。なぜならば、多くの箇所で聖書の文字通りの意味とも、教父や神学博士の一般的な注釈と理解とも矛盾している。

二．地球は世界の中心になく、不動でもなく、全体として日周運動をする。

全員が以下のように述べた。この命題は哲学的には同じ判定を受け、神学上の真理に関しては、少なくとも信仰上は誤りである。

カッチニの証言でもそうだったが、この答申は、太陽の不動性とその周囲を回る地球の可動性を問題としていたから、確かに地動説を非難していることになるが、太陽と地球の振る舞いの二つを切り離して論じていることに注目すべきである。つまり、地動説が天文学上の理論として正しいかどうかということが議論されているのではなく、そこから導かれる個々の天体の運動が聖書の記述と合致しているかどうかが問題とされているのである。後にも触れることにするが、一六三三年の裁判に至るまで天動説と地動説を対峙させようとする考えは聖職者たちのあいだにはない。

被告のいない裁判というのも奇妙であるが、答申が出された翌日に判決が出されている。

数学者ガリレオ・ガリレイの、太陽は世界の中心にあって動かず、地球は動いて日周運動さえするという趣旨の命題に対する神学者神父の判定についての報告ののち、聖下はベラルミーノ枢機卿猊下に、ガリレオを召喚し、彼にこれらの意見を放棄するよう警告することを命じられた。もし彼が従うことを拒むならば、主任神父が、公証人と証人の立ち会いのもと、この学説と意見を教えることも擁護することも、あるいはそれを論じることも一切差し控えよという禁止命令を出し、もし彼が従うことを拒むならば、投獄されるであろうと。

実際に二月二六日にガリレオはベラルミーノ枢機卿の自宅に呼ばれ、彼から訓告されている。判決にあったように、公証人の記録には次のように書かれている。

ベラルミーノ枢機卿猊下はその居所である邸宅にガリレオを召還し、上記枢機卿猊下、ドミニコ会の検邪聖省主任セジッツィ氏の前で、枢機卿猊下は、上述の意見は誤っており、それを放棄すべきであるとガリレオに訓告された。それに続いてただちに、私と証人の立ち会いのもと、まだ枢機卿猊下もおられたが、前述の総主任神父はその場にいたガリレオに対して教皇聖下と全検邪聖省の名において、太陽が世界の中心にあって動かず、地球が動くという上記意見を全面的に放棄し、今後はそれを口頭であれ文書によってであれ、いかなる仕方においても、抱いても、教えても、あるいは擁護してもならないと命じられた。さもなければ、聖省は彼を裁判にかけるであろうと。この禁

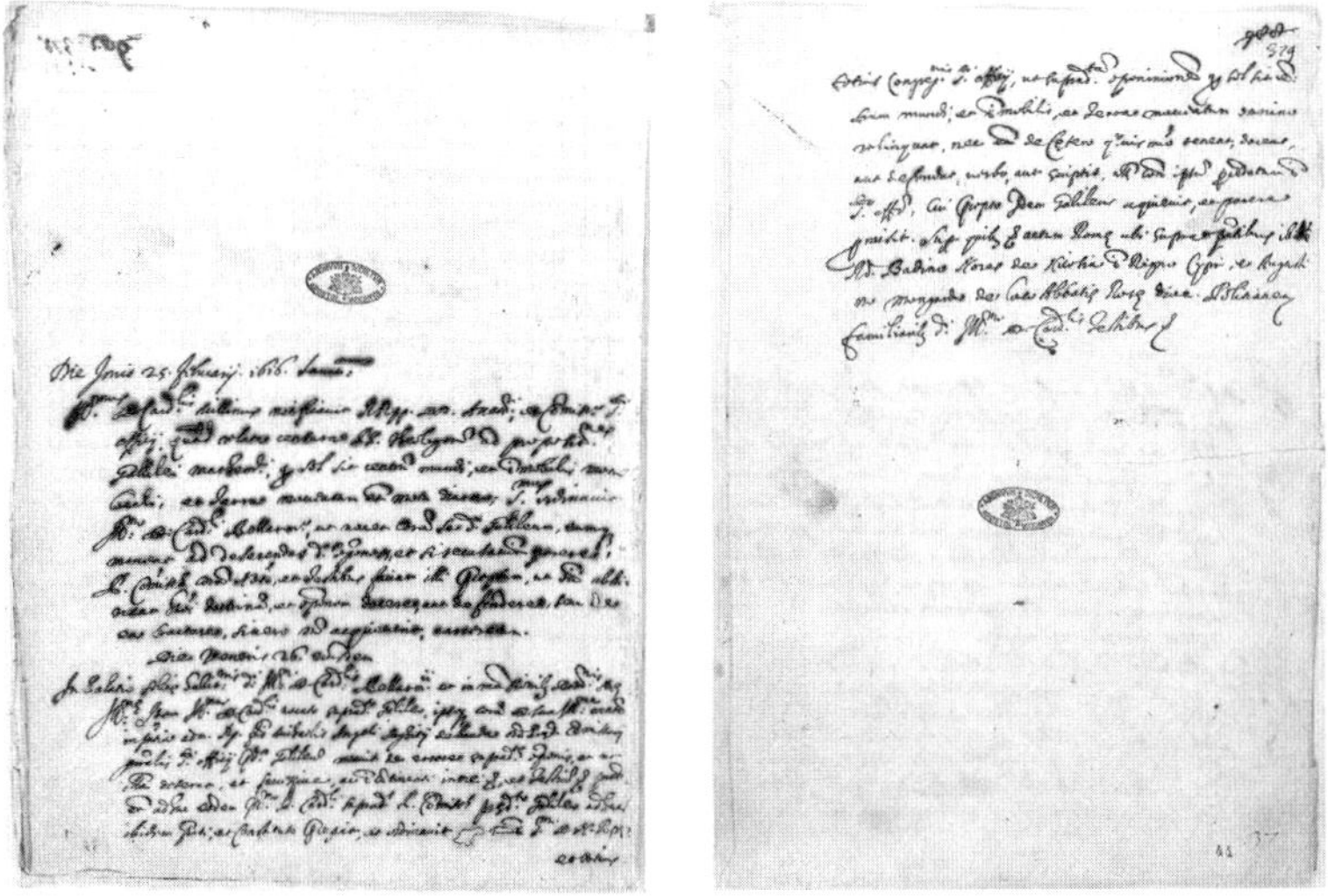

図3　1616年2月25日の検邪聖省の議事録と翌日のベラルミーノのガリレオに対する訓告（左）、それに引き続いて与えられた主任の禁止命令（右）（ヴァチカン秘密文書庫「ガリレオ裁判記録」ff. 43v-44r）

止命令に上記ガリレオは同意し、従うことを約束した。

この前半部分は判決に沿った訓告だから何の不思議もない。後半部分に関しては「彼が従うことを拒むならば」与えられるべき命令だから、ベラルミーノの訓告に従うことを拒んだ形跡のないガリレオに下されたのは理不尽としか言いようがない。しかも「いかなる仕方においても」教えることができないのだから、この命令に従うなら地動説を論じることすらできない。このため、後半の命令はガリレオを陥れるためにのちに捏造あるいは偽造されたのだと考えられてきた。最近になって、この公証人の原本を見ることができるようになり、全体が同じ公証人の筆跡で同じ紙に書かれていることがわかったから、訓告と命令は同日に執行されたと考えられる（図3）。それではなぜ検邪聖省の主任が越権行為とも言うべき命令を下したのかについては推測するしかないが、ガリレオに対する悪意から出た行為だったと言うしかない。ただし、「いかなる仕方においても、抱いても、教えても、あるいは擁護してもならない」という命令が下されたこと、それに対してガリレオが「同意し、従うことを約束した」という事実は残ったのである。

判決が出された後もローマに滞在し続けていたガリレオは、自分が有罪判決を受けたという噂が広まっているのを知ってベラルミーノ枢機卿を訪問し、五月二六日に彼からコペルニクスの地動説を「擁護しても抱いてもならないということを知らされただけ」という証明書を得て、フィレンツェに帰国した。

4　第二次裁判

第一次裁判の後、ガリレオは地動説に関する発言を控えていた。しかし、旧友のマッフェオ・バルベリーニが一六二三年に教皇ウルバヌス八世となり、ガリレオの熱狂的支持者のジョヴァンニ・チアンポリは教皇の側近となり、弟子のカステリも教皇の甥の家庭教師となっていた。つまり、ガリレオの支持者たちが教皇庁に結集していたから、彼には地動説についての議論を再開する好機だと思われた。

こうして一六三二年二月に、一般に『天文対話』と呼ばれているガリレオの主著の一冊が出版された。正式のタイトルは『ピサ大学特別数学者、トスカナ大公付き哲学者兼首席数学者、リンチェイ・アカデミー会員、ガリレオ・ガリレイの対話、そこでは四日間の会合においてプトレマイオスとコペルニクスとの二大世界体系について論じられる』で、プトレマイオスとコペルニクスの立場をそれぞれ代弁する人物と中立的立場の三人による対話形式で書かれていたが、コペルニクスの立場を代弁する人物に比して、天動説を唱えた古代の天文学者プトレマイオスを代弁する人物が精彩を欠いている印象は否めなかった。

その出版から五ヵ月後、ローマからフィレンツェの異端審問官に宛てて「本を差し押さえ、こちらから修正すべきことを送らない限り貴地から出してはならない、ましてや外国に送ってはならない」という指示が届いた。

差し押さえ命令が出されたのは、本の体裁と内容が教皇の逆鱗に触れたためである。教皇が疑ったのは、扉絵とタイトルページの下部にある三尾の魚の絵、序文と本文が別の活字で組まれていること、そして教皇の意見が全編を通じて嘲笑されているプトレマイオスの代弁者の口から述べられていることなどであった。互いの尾を咥え合って輪になったイルカを見て、教皇はガリレオが自分のネポティズムを揶揄していると勘ぐったのだろう。また、序文が立体の活字で、本文はイタリック体で組まれるのは当時には珍しいことではなかったから、序文に書かれていた地動説に対するローマ教会の否定的見解は本文中に、適切な代弁者によって述べられるべきだったと言いたかったのだろう。

この教皇の怒りが一六三三年の宗教裁判の開幕を告げることになるが、その怒りがガリレオの有罪理由となったわけではない。教皇はガリレオの『天文対話』を再検閲するために神学者たちの特別委員会を立ち上げているからである。

一六三二年九月に神学者たちの答申が出されている。

> ガリレオは、地球の運動と太陽の不動性を仮説とすることなく、絶対的なものと主張することによって彼に与えられた指示を逸脱している。彼は、実際に見られる海の干満をありもしない太陽の不

動性と地球の運動に誤って帰している。これが主要項目（傍点は筆者）である。さらに、彼が一六一六年に聖省によって彼に下された禁止命令のことを黙っていたのは人を欺くものである。その趣旨は「太陽は世界の中心にあり、地球が動くという上記意見を全面的に放棄し、今後はそれを口頭であれ文書によってであれ、いかなる仕方においても、抱きも、教えも、あるいは擁護もしないように。さもなければ、聖省は彼を裁判にかけるであろう」。彼はこの禁止命令に同意し、従うことを約束した。

今や、出版された本同様に、人物に対しても訴訟手続きを進めることが決議されるべきである。

一六一六年に検邪聖省主任から与えられた禁止命令はこの夏に関係者の知るところとなっていたが、この時点では地球の運動と太陽の不動性を絶対的なものとしているほうが問題で、禁止命令に背いているというのは付帯的な問題として捉えられていた。いずれにしても、この答申に基づいて検邪聖省は裁判を開始することを決定したのである。

検邪聖省に召還されたガリレオは、一六三三年二月にローマに到着した。しかし、裁判が開始されたのはようやく四月一二日になってからである。

最初の審問は検邪聖省総主任ヴィンチェンツォ・マクラノの「いかなる手段で、いつローマに到着したのか」という質問で始まった。その後、一六一六年の出来事に移り、当時「ベラルミーノ枢機卿から何を知らされたのか」という質問がなされた。ガリレオは次のように答えている。

> ベラルミーノ枢機卿は私に次のように言われた。すなわち、コペルニクスの意見は絶対的な意味にとれば聖書と矛盾するから、抱くことも擁護することもできない。しかし、仮説としてならとるこ

とも使うこともできる。私は、このことと一致する一六一六年五月二六日付のベラルミーノ枢機卿の宣誓供述書を持っています。彼はその中で、コペルニクスの意見は聖書に反しているから、抱くことも擁護することもできないと述べています。

この答弁に対してマクラノは一六一六年の禁止命令を持ち出し、ガリレオを追及している。証人の立ち会いのもとで汝に命令が与えられたと述べているが、前述の意見をいかなる仕方においても抱かず、擁護せず、教えてはならないということが含まれていた。「いかなる仕方においても」を憶えているか、また誰から告げられたかを述べよ。

ガリレオは記憶にないと答えるしかなかった。彼は一六一六年五月二六日にベラルミーノから証明書をもらったことで安堵してしまい、その他については忘れてしまったのかもしれない。この第一回目の審問は、ガリレオの次のような答弁で終わっている。

実際、前述の本［『天文対話』］で私はコペルニクスの前述の意見とは反対のこと、コペルニクスの論拠は無効で、決定的ではないことを示しています。

ガリレオは自分が罪を犯していないと主張したのだが、高位聖職者からなる検邪聖省が異端の疑いありとして起訴した被告を無罪放免することはあり得なかった。

ガリレオが罪を認めることを拒んだために、三名の神学者からなる顧問委員会が立ち上げられた。これら三名がそれぞれ提出した答申は若干のニュアンスの違いはあるものの、ガリレオが有罪であるとしていた。その中で、もっとも強硬な答申は次のように述べている。

『ガリレオ・ガリレイの、プトレマイオスとコペルニクスとの二大世界体系についての対話』と題する著作において、本の全文から、とりわけ文章の注釈から推測できるように、地球は動き、太陽は静止していると教える意見が抱かれ、擁護されている。

ここでは「いかなる仕方においても」教えてはならないという、しばしばガリレオを陥れるために偽造されたのではないかと疑われてきた禁止命令――それが偽造されたものとは考えられないとすでに指摘しておいた――に違反しているどころか、ベラルミーノの訓告にすら背いていると断定しているのである。

この答申を受けて、マクラノは法廷外でガリレオと会い、彼に罪を告白させることに同意させた。この後も二回の審問が続き、六月一六日に検邪聖省は、ガリレオを投獄することと『天文対話』を禁書とする決定をしている。この検邪聖省の決定の後二一日に第四回目の審問がなされるが、すでに実質的に判決内容は決定されていたのだから、異端審問の慣例に沿った追加的なものと見なすべきだろう。

いずれにせよ、一六一六年からこの一六三三年にかけてガリレオを断罪しようとする理由が大きく変わっていることに注目すべきである。一六一六年にはガリレオの主張は聖書の記述に反しているというのが告発理由で、神学者たちの意見では「太陽は世界の中心にあって、いっさいの運動をしない」という命題は異端で、「地球は世界の中心になく、不動でもなく、全体として日周運動をする」という命題は少なくとも信仰上は誤りだった。一六三三年の裁判ではガリレオの有罪理由は、地球の運動と太陽の不動性を絶対的なものと主張しているというものから、一六一六年に与えられた命令――ベラルミーノの訓告と主任の禁止命令――に違反しているというものへと大きく変えられているのである。この変更の背後でどのような議論があったのかはわからないが、結果としてローマ教会は科学的問題から遠ざかりつつあったと言うことができる。

5　判決

一六三三年六月二二日、判決はサンタ・マリア・ソプラ・ミネルヴァ修道院において下された。判決文は「汝、フィレンツェの故ヴィンチェンツィオ・ガリレイの息子、ガリレオ、七〇歳は、一六一五年に本聖省に告訴された」という文章で始まっている。続いて一六一六年の出来事について述べられている。

ベラルミーノ枢機卿の邸宅において、猊下の臨席のもと、同枢機卿の忠告と訓告ののち、当時の聖省主任神父から、公証人と証人の立ち会いのもと、前述の誤った意見を全面的に放棄し、将来においても口頭でも書いてでも、いかなる仕方においても抱いても擁護しても教えてもならないと命じられた。汝は従うことを約束し、放免された。

まず、一六一六年に有罪とならなかったのは与えられた命令に従うと誓ったからだと指摘しておき、ガリレオの主たる有罪理由は『天文対話』の内容が一六一六年に与えられた命令に違反していることだと続いている。

最近、フィレンツェで昨年印刷された『ガリレオ・ガリレイの、プトレマイオスとコペルニクスの二大世界体系についての対話』と題する、その記述によって汝が著者であるとわかる書物が現れた。……そこで同書を詳細に考察したところ、先に汝に出された禁止命令に対する明らかな違反が見出された。

すでに顧問委員会の答申でも糾弾されていたが、この命令違反は主任から与えられた禁止命令に対する違反だけではなく、ベラルミーノの穏やかな命令、つまり訓告にも違反していると指摘されている。汝がその抗弁として提出した［ベラルミーノの］証明書こそ、汝の罪をさらに重大なものとしただけである。なぜならば、同証明書には前述の意見が聖書に反していることが述べられているにもかかわらず、汝はあえてその意見を蓋然的なものと考え、擁護し、説得したからである。

最後に判決の主文が来るが、その大筋はすでに六月一六日に検邪聖省で決定されていたものである。汝のこの重大で有害なあやまちと違反が、まったく処罰されないままにならないよう、また汝が将来においてより慎重となり、他が同様の罪を犯さぬための例とするため、汝の『ガリレオ・ガリレイの対話』を公の布告によって禁止することを命じる。

われわれの欲する期間、当検邪聖省の正式の監獄に入ることを命じる。改悛の行として、今後三年間、毎週一回、七つの懺悔詩篇を唱えることを課する。前述の刑罰と改悛の行のすべてあるいは一部を軽減し、変更し、あるいは撤回する権限は、われわれが留保する。

この後、ガリレオは自らの罪を認める異端誓絶文を読み上げ、裁判は終わった。ガリレオは無期限の投獄という厳しい判決を受けたのだが、翌日には軟禁へと減刑され、半年後にはフィレンツェの自宅へ戻ることができた。しかし、自宅軟禁の処分は解かれることがなかった。

6　ガリレオ神話の起源

今日ではガリレオ裁判を科学と宗教の闘いと見ることは一般的となっているが、そのような捉え方は少なくとも一七世紀には見当たらず、ようやく一八世紀になって登場したのである。

ごく初期の例は、ヴォルテールが一七三四年に出版した『哲学書簡』の中にあって、「ガリレオを罰した連中は、なおさら間違っていたのである。異端審問官たちは全員、コペルニクスの天球の一つを見ただけで、魂の底まで恥じ入ったに違いない」と述べられていた。その後も一七六五年に出版されたディドロとダランベールの『百科全書』第八巻では、「八〇歳［正確には六九歳］の偉大なガリレオは、地球の運動を発見したために、異端審問所の牢獄でうめいていた。無知が権力で武装するときほど人間の本性が堕落することはない」と聖職者たちに対する評価がなされていた。彼らはいずれもフランス啓蒙主義に属しているが、啓蒙主義者たちは旧体制を代表する聖職者たちを攻撃の的としていたから、彼らにはガリレオ裁判が聖職者たちの過ちの好例と考えられたのだろう。この当時、ガリレオ裁判記録は教皇庁の秘密文書庫にあって一般には閲覧することができなかったから、フランスの啓蒙主義者たちが参照したのはガリレオの関係者から出た資料だったと思われる。

宗教が科学の発展を阻んだと考えられるようになった別の事情もあった。イタリアに侵攻したナポレオンは一八一〇年に全ヴァチカン文書をフランスに持ち去ったのである。その中にはガリレオ裁判記録も含まれていた。ナポレオンが意図していたのは、カトリック教会がガリレオを弾圧し、科学の進歩を阻んできたことを衆目に晒すことだった。この目的のため、裁判記録のフランス語訳出版計画が進められた。残念なことに一八一四年にナポレオンがエルバ島に流されたこともあって、計画は頓挫してしまった。このときまでに翻訳されたのは、一六三三年の裁判の終盤で作成された一六一六年から一六三三年までの裁判記録の要約である摘要報告書と一六一六年の裁判記録だった。ただし、この報告書はガリレオにとって不利となる多くの間違いを含んでいた。つまり、一六一六年の裁判記録と悪意に満ちた摘要報告書だけが翻訳され、一六三三年の裁判記録は翻訳されなかったのである。ガリレオ裁判記録のファイルには、まず摘要報告書があり、その後には年代順に一六一六年の裁判記録、続いて一六三三年の裁判記録が綴じられており、上から順に翻訳が進められたからにすぎない。

一九世紀の人びとに、伝聞と憶測に基づいたとしか思われない告発から始まり、またガリレオが被告となることがなかった一六一六年の裁判記録だけがくわしく知られ、彼が実際に有罪判決を受けることになった一六三三年の裁判についてはは相変わらず情報が乏しかったということは重要である。一六一六年の裁判記録の中には、ガリレオがカステリに宛てた手紙も含まれていた。啓蒙主義者ならずとも、アイザック・ニュートン以降の研究によって惑星の運行が説明され、彗星の軌道まで明らかとなっていたから、当時の人びとにはカステリ宛の手紙で述べられているガリレオの見解は至極もっともだと思えただろう。

大半が一九世紀に描かれた一六三三年の裁判についての絵画もそうした印象を強めることになった。ある絵には、円形劇場のような広大な法廷で彼を取り巻く多数の異端審問官たちと聖職者（実際に出席していたのは七名の異端審問官と検邪聖省の数名の事務官だけだった）が描かれ、別の絵では、法廷に立ち

図4　ローマ異端審問所に出頭したガリレオ（ジョセフ・ロベール＝フルリ画、1847、ルーヴル美術館蔵）

はだかり毅然として自説を開陳するガリレオ（そのような態度をとれば、自分が窮地に陥ることをガリレオは充分わきまえていたはずである）と、被告を監視する甲冑で身を固めた兵士（法廷となった修道院に武装した兵士が立ち入ったとは思えない）が描かれている（図4）。これらの現実離れした光景は、科学と宗教の闘いをもっともらしく見せるのに役立っただろう。これらの絵画は、現代のガリレオ伝でも挿絵として多用され、宗教的権威にあらがって真実を唱え続けたガリレオという「捏造」された歴史をわれわれに伝え続けているのである。

7　おわりに

ガリレオの有罪判決を受けて、地動説を認める内容の書物『世界論』を書き上げていたフランスの哲学者ルネ・デカルトはその出版を取りやめた。だから、キリスト教が科学の発展を妨げなかったと言うのは困難である。ただし、デカルトはその数年後には地動説を支持する執筆活動を再開している。

裁判が進行するにつれてローマ教会は地動説と正面から対峙することを避けるようになったと思われると指摘しておいたが、彼らが執拗にガリレオを追い詰めたのは何に怯えていたためだろうか。それについてのヒントを与えてくれるのは、一六三〇年二月にカステリがガリレオに報告した、教皇の甥のフランチェスコ・バルベリーニ枢機卿がカステリに語った言葉である。バルベリーニは、「地球に運動を与えてしまうと、それは星の一つとみなされなければならず、神学の真理と大きく食い違う」と述べたのである。ここには、地動説を聖書の記述に反するとして攻撃しようとする意図は感じられず、地動説を採用すれば生じるであろう混乱と困惑が語られている。

たとえ地動説を否定するとしても、ガリレオの望遠鏡による発見の結果、古代以来の天動説は維持できないということは、聖職者を含めて誰の眼にも明らかになりつつあった。発見の地動説的解釈はともかく、発見そのものは否定しがたかったからである。時代は大きく変わりつつあり、新しい宇宙像を探求することが急務となっていた。ローマ教会の権威が及ばないプロテスタント諸国では自由な科学研究が続けられていたし、前節で述べたように、次の世紀には宗教は科学より上位にあるという通念は過去のものとなっていき、もはや宇宙の仕組みの探求、つまり科学研究を妨げるものはなくなっていくのである。

参照文献

ガリレオ・ガリレイ『天文対話』（上・下）青木靖三訳、岩波文庫、一九五九、六一年

ガリレオ・ガリレイ『星界の報告』山田慶児、谷泰訳、岩波文庫、一九七六年

Favaro, Antonio (a cura di) (1890-1909) *Le Opere di Galileo Galilei*, edizione nazionale, S. A. G. Barbara Editore.

Mayer, Thomas F. (2015) *The Roman Inquisition : Trying Galileo*, 1612-1633, University of Pennsylvania Press.

Pagano, Sergio M. (accresciuta, rivista e annotata da) (2009) *I Documenti Vaticani del processo di Galileo Galilei* (1611-1741), Archivio Segreto Vaticano.

おすすめ本

デーヴァ・ソベル『ガリレオの娘――科学と信仰と愛についての父への手紙』田中勝彦訳、田中一郎監修、DHC、二〇〇二年

　ガリレオに宛てた長女の手紙を軸として、ガリレオの波乱に富んだ後半生が描き出されている。

A・ファントリ『ガリレオ――コペルニクス説のために、教会のために』須藤和夫訳、大谷啓治監修、みすず書房、二〇一〇年

　副題から推測できるようにキリスト教の側からの詳細なガリレオ裁判研究。

第4章　乾燥地文明における帝国と宗教の形成
——黒アフリカ・イスラーム文明から考える

嶋田義仁

アフロ・ユーラシア内陸乾燥地文明論を支えに人類文明史の再構築を試みている。近代以前に利用可能最大パワーだった牧畜パワーは、移動・運搬手段として長距離交易と都市文化形成に寄与した。政治・軍事手段としては巨大帝国形成の基礎となった。それゆえに、多民族・多地域統合の世界文明が乾燥地域に形成された。仏教、キリスト教、イスラーム教という世界宗教形成も、このような文明形成に対する思想的宗教的対応だった。

【アフロ・ユーラシア内陸乾燥地文明】

アフロ・ユーラシア大陸中央部に東西によこたわる、砂漠・草原がひろがる乾燥地域に成立した文明。国際経済、都市文化、巨大帝国、それに世界宗教がふるくから栄えた。


【世界宗教】

民族性に基礎をおいた未開宗教と異なり、超民族的で超地域宗教を世界宗教とよぶ。文字経典を有し、神学体系、教団組織も発達させた。ヨーロッパの有名大学の多くは神学校から発達した。


【文明】

多民族共存と多地域交流を成し遂げ、商工業経済と階層構造を有した都市・国家社会を形成し、文字経典、教団組織、神学者・聖職者集団を有する世界宗教、の備わった文化。


【牧畜パワー】

ラクダ、ウマ、ロバという大型家畜のパワーが特におおきい。移動・運搬手段としてはラクダとロバ、政治・軍事手段としてはウマが特に重要だった。

1　ヨーロッパ文明理解の困難

人間への問い

人類とは何か。人類の歴史はなんであったのか。あるいは人類にとっての至上の価値は何なのか。それは、学部大学院で宗教学を学び、西洋哲学思想と悪戦苦闘しながら私が取り組んだ課題であった。時は七〇年代はじめ。安保条約反対闘争がふきあれた時代であった。大学はストライキ続き。おかげで自由な時間にめぐまれた私は、西洋哲学書を、関心のおもむくまま乱読しながら、考え続けた。デカルトから始まって、パスカル、カント、ヘーゲル、ニーチェ、ハイデッガー、ベルグソン、等々。けっこう読みあさったものである。

しかし正直なところ、用語自身が特異な西洋哲学書は、梗概はなんとかわかっても、何ゆえにこんな問題を論ずるのかという、著作の思想的意義を骨身に沁みて理解できるには至らなかった。まして人生の指針となるような知恵など得られるはずはなかった。

先達はどう取り組んだのだろうか。

京都学派の哲学者たち

私の属した研究室は、西田幾多郎、田辺元、西谷啓治らの京都学派哲学の末に連なる研究室だった。京都学派哲学者は、西洋哲学を学ぶだけでなく、東洋思想も極め、西洋思想と東洋思想の融合と対決のなかから新たな思想を見出そうとした。

研究室の教授だった武内義範先生はヘーゲル哲学をとりいれた『教行信証の哲学』を著し、上田閑照先生はドイツ神秘主義哲学と禅仏教の研究をすすめ、長谷正當先生はフランス哲学と親鸞研究、という具合だった。

これはしかし、西洋思想と東洋思想の客観的な比較研究といったたぐいの研究ではなかった。巨大にして不可解なヨーロッパ思想の山並みに、東洋思想をてがかりに自らの人生への問いをかけて挑む戦いであった。

上田先生はその後西田幾多郎論の連作を書かれたが、それは、西田幾多郎という哲学者個人の人生の宗教哲学的掘りおこしであった。簡明ながら息づまるその論述をたどってゆくと、それは上田先生ご自身の人生への問いのようにも見えてくる。

西田幾多郎の人生について付言するなら、西田は、金沢にあった旧制四高時代、放校された。明治政府から派遣された武断的な学校長にたいする批判から学生ストライキがおきた。その首謀者は誰かと問われた時、西田は首謀者でなかったにもかかわらず、自ら首謀者となのりでて放校されたのである。

後東京帝国大学にすすむが、本科生ではなく、聴講生なみの選科生であり、図書館の本は借りだせるが、図書館内では講読できず、図書館の外の廊下で講読した。そして金沢にもどり旧制中学や旧制高校で教えながら、座禅をくりかえす人生をおくりつつ、哲学論文を書いた。西田の独創的な哲学は、西田の独立独歩の人生がうみだした哲学だった。

西田の金沢時代の友人には、おなじように独立独歩の人生をおくった偉人がいる。鈴木大拙。彼も四高中退後、東京帝大の選科生を経て、渡米、三九歳まで米国で暮らした。それが、三二冊もの英文著書を書き、世界に禅思想を広めた功労者の人生前半であった。

「ヨーロッパの森」のなかで語られた哲学思想

私は、京都学派の先達のように、仏教的な東洋思想研究にはむかわなかった。そのかわり、もう一つの新たに勃興しつつあった京都学派、今西錦司や梅棹忠夫を中心にすすめられていた生態人類学にむかうことになった。なぜなら、西洋思想の難しさというのは、ヨーロッパという特殊な森の中で語られ、議論された思想だったと、考えたからである。

ヨーロッパ思想理解のためには（宗教や科学、社会科学、哲学などあらゆる思想である）、思想を思想としてそれだけとりだして理解するのでなく、思想が生みだされたヨーロッパという固有の森の中に据えなおして理解する必要があると考えたのだった。

そのためには、何はともあれ、ヨーロッパに行って暮らしてみるしかない。

しかしそんなことを可能にする学問があるだろうか。

そう考えたとき、人類学だと思った。人類学は現地での長期滞在によって成り立つ学問だ。しかし、当時人類学が対象にしていたのはアフリカを中心とする未開文化だった。とりわけ、京都にはアフリカ研究の伝統が根づきつつあった。

「アフリカの森」へ

「アフリカの森」に行くのも悪くない。なぜなら、アフリカなら、ヨーロッパ文明研究をこえた人類文明研究が可能になるかもしれない、と思ったからである。そのうえ、もっとも未開・原始と考えられる文化が存在するというアフリカでの研究は、類人猿から人類が誕生してホモ・サピエンスが誕生するまでのプロセスにも思いをはせることができる。これはやりがいのあるチャレンジだ。そういう思いが募った。

するとアフリカ研究のチャンスが、思いがけないかたちでやってきた。フランス思想書を何冊も読みあさったおかげか、フランス給費留学生試験に合格したからである。これなら「ヨーロッパの森」も探検できるではないか。

研究目的はアフリカ研究。留学先は、パリにある社会科学高等研究院という大学院大学のアフリカ研究センター。ここに六年弱在籍した。その間一年間アフリカ調査をおこない、博士論文を仕上げた。

かくして、アフリカ研究者となった。

しかしフランス研究も継続した。長年暮らしたフランスの風土も生活も文化も、故郷のように親しいものになっていた。哲学研究も、アフリカ調査の帰途、パリの本屋でヘーゲルの『精神現象学』仏訳古本が二束三文で売られているのを見つけて購入する、という具合だった。それをホテルの部屋でぱらぱらめくりながら、ヘーゲル哲学をアフリカ研究の息抜きにした。

2　黒アフリカ・イスラーム文明

アフリカのサーヘル・スーダンの農業と牧畜文化

そのアフリカ研究であるが、「ヨーロッパの森」と呼んだ森は、歴史風土と呼ぶことにした。したがって、「アフリカの森」での研究の課題は、アフリカ固有の歴史風土のなかでのアフリカ文明の形成をあきらかにすることだった。

アフリカの歴史風土はすくなくとも、砂漠と草原、熱帯雨林に分けられた。この三風土に、異なった生活があり、異なった文明形成があった。

私がおもむいたのは、サハラ砂漠の南にある、西アフリカのサーヘル・スーダンと呼ばれる乾燥草原地帯であった。村の外にはただただ草原がひろがり、北にあるサハラ砂漠からは乾季になると砂塵交じりの乾燥風がおしよせてきた。

しかしそこでの生業は結構豊かであった。サバンナ農耕とよばれる穀類・豆類栽培を中心とした乾燥地農業があり、原野ではウシ牧畜がいとなまれていたからだ。

主作物は、茎丈が人間の身の丈以上あるソルガムとトウジンビエであった。

牧畜はフルベという牛牧民がいて、三〇頭以上のウシの群れを率いて、原野のなかを移動していた。ウシはゼブウシといって、背中にコブのあるウシだった。これにラクダのコブとおなじく脂肪分など飢饉に備えて栄養分をたくわえる。ウシはたくましかった。ウシの群れに近づくと、ひときわ大きな角をもったボスの雄ウシが、こちらにむかって身構える。

牧畜民はウシの群れとともに移動し、夜はウシの群れとともに眠る。

ウシはその肉よりは、産出する牛乳の取得が目的だった。朝絞った牛乳はすぐ発酵してヨーグルトになる。私はそれを毎日ラーメン用どんぶり一杯分ぐらいは飲んでくらした。

ウシ以外にも、ウマ、ヤギ、ヒツジ、ロバが飼育され、これらの家畜は農耕民にも飼育されていた。庭や路傍にすわっているそのまわりには、ヤギ、ヒツジ、ニワトリがうろちょろし、夜になると、家の壁の外にいるロバが結構野太い声で嘶(いなな)いた。

自然灌漑による乾燥地河川文化

サーヘル・スーダン地域には、巨大河川も流れていた。西部にはセネガル川とニジェール川、中央部にはロゴンヌ・シャリ川、東部端はナイル川。

河川では漁業がいとなまれ、流域ではアフリカ稲（オリザ・グラベリマ）やソルガムの自然灌漑がおこなわれていた。

牧畜民のウシの群れも、乾季には河川流域に集まる。野生動物や野鳥もおおかった。

アフリカの河川に灌漑施設はなかった。しかし、乾燥地河川の水量は季節により激しく増減し、流域は自然氾濫する。これを利用して、自然灌漑農耕をおこなう。魚類も、乾季がすすみ河川や湖沼の水量と面積が減少すると、残った水場には、おびただしい数の魚がせめぎあっていた。

ニジェール川流域の氾濫原はとりわけ豊かであった。大陸西南端のギニア山地からニジェール川は内陸サハラ砂漠にむかって北流し、サハラ砂漠にむかって巨大な内陸デルタをつくる。その面積はわが国の九州ほどの広さだ。

その内陸デルタが雨季にはほぼ一つの巨大湖となる。しかし水がひく乾季、大半が陸地化する。この自然の摂理を利用して、稲作、漁業、牧畜がいとなまれているのであった。

ニジェール川では船による季節的な運輸交通も可能であった。船の輸送力はおおきい。岩塩や農産物、水がめなど、重く運搬困難な産物が、船では容易に長距離運送できた。

サハラ交易による文明化

サーヘル・スーダン地域には、豊かな生業生活があるだけでなかった。そこには、文明があった。私は文化と文明をわけている。文化とは人類に共通する、言語、道具作成、家族などの社会、狩猟や農耕、牧畜、芸術、宗教文化などを形成する能力だ。無文字文化も文化であり、腰蓑も文化だ。

しかし文化はある段階から文明となる。

そのメルクマールは、都市や国家だ。そこでは、多民族多部族が共存交流し、複雑な社会的分業があり、工芸のような第二次生産、商業や教育、宗教などの第三次生産もある。

衣服文化があり、文字文化がある。

宗教には経典文化がともない、複雑な神学体系や宗教組織が発達し、聖職者、神学者もいる。

科学技術の発展もある。都市や王宮建築技術、製紙や機織り、染色などの衣服技術、青銅や鉄の金属精錬技術には、そうとうな科学技術の知識が必要だったからだ。

このような意味での文明がサーヘル・スーダン地域にはあった。

一一世紀以降かずかずのイスラーム帝国が、サーヘル・スーダン地域に形成された。現在のモーリタニア南部のオアシスを中心にガーナ帝国（一一世紀）、一三世紀にはその南方ニジェール川流域にマリ帝国、一五世紀からはソンガイ帝国。東方チャド湖周辺にはカネム・ボルヌ帝国（一一世紀から二〇世紀まで）、ハウサ地方にはハウサ諸王国という具合であった。それは広大な領土に分布する多数の部族を包み込んだ多民族帝国だった。

その最大の理由は、サハラを横断の交易文化が一〇世紀頃には成立したからである。ラクダ千頭ほどを連ねた隊商が、最短で五〇日あまり。通常では二ヵ月三ヵ月かけてサハラを横断した。オアシスがその中継基地となった。

これを推進したのは、マリ帝国などに産した金だった。マリ帝国は、地中海世界への最大の金輸出国となった。金と並ぶ交易品は、サハラ中央のテガザやタウデニに産する岩塩だった。黒アフリカの湿潤地では塩が不足し、サハラの塩が必需品だった。サハラ中央から消費地までの長距離を、ラクダや船、最後には人の頭にのせられて輸送される岩塩は、金産地では同じ重さの金と交換されたなどとも言われた。奴隷や野生動物の毛皮や羽毛なども輸出された。（図1）

サハラ交易を通じてのイスラームの伝播は、ユーラシア中央のオアシスを経由しての仏教の中国への伝播とよく似ている。タクラマカン砂漠周辺のオアシスには、鳩摩羅什（くまらじゅう）が活躍した千仏洞のあるキジル、敦煌などに、有名な仏教遺跡がある。サハラ中央のオアシスも同じようにイスラーム都市となった。そこには、アラビア語書籍をあつめた伝統的図書館（ユネスコ世界遺産）や、黒アフリカのイスラーム普

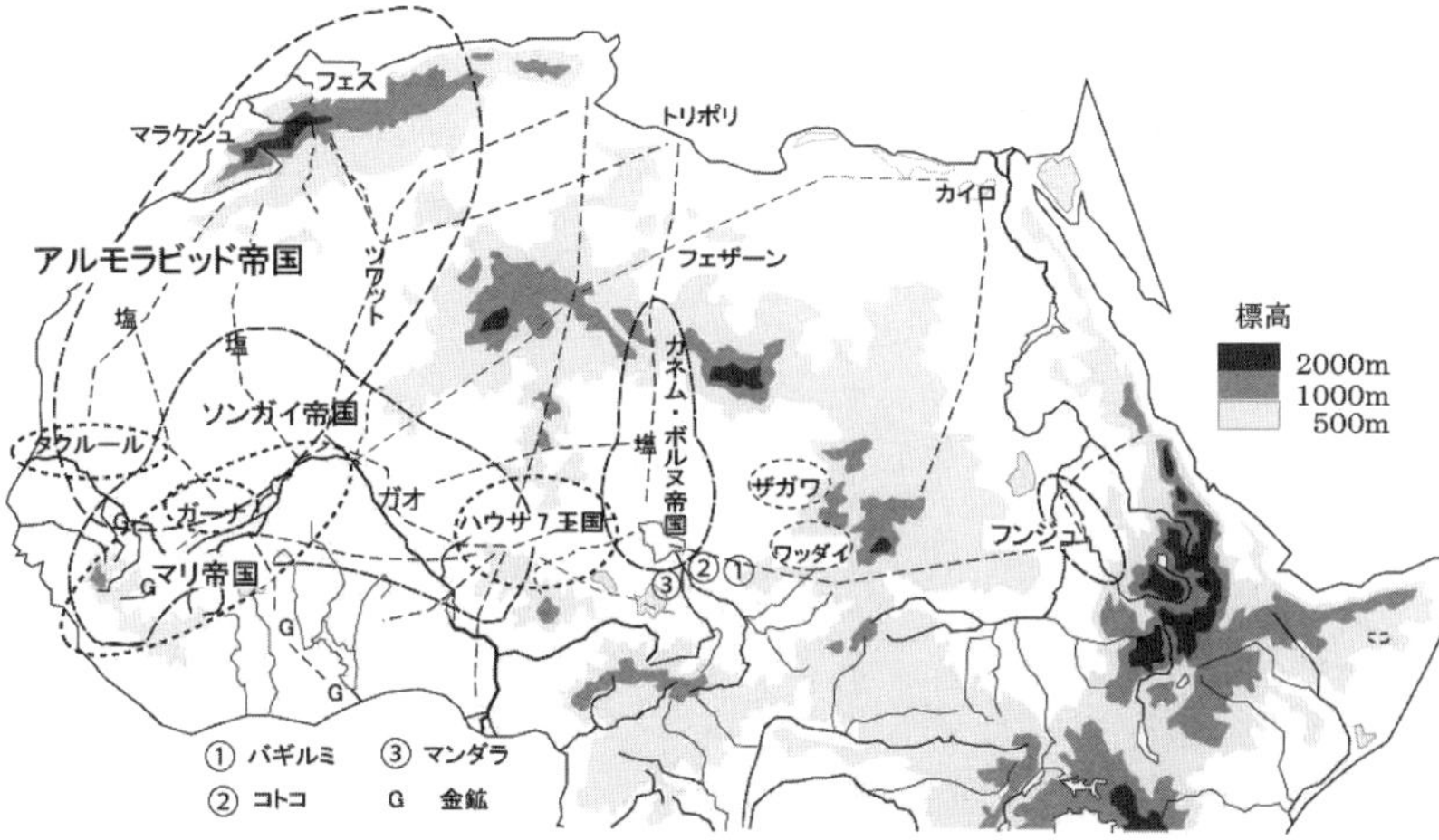

図1　サハラ交易路と黒アフリカ・イスラーム帝国

及の中心となるイスラーム教団の本拠もあった。

その結果、サーヘルには商業経済やさまざまな工芸文化が発達し、イスラームも流入した。

イスラームは隊商たちが旅の安全を祈るためだけではなかった。交易には商品の売買、それに伴う契約、代金をすぐ回収しない信用取引があり、それには法律的な規則や文字で記した書類も必要だった。それを提供したのがイスラームだった。宗教をドグマの体系とみなしてはならない。宗教は高度に複雑な文化複合体だからだ。

イスラームが有する超民族的な倫理も、交易推進に大きな役割をはたした。部族・民族中心主義に執着していては異民族間交易や取引は不可能だったからである。しかし、イスラーム都市には、中央にモスクがあり、市も その周辺にある。そして市に参加する多種多様な民族・地域の出身者たちが、一日五回の礼拝時にはともに礼拝する。

市とは露店の定期市で、かなり大きな町でも、週に一度の定期市があり、巡回商人があつまってくる。周辺地域の人も着飾ってあつまり、市はお祭りさわぎである。

イスラーム文化のアフリカから暮らしはじめたので、それが当たり前だと思っていた。しかしイスラーム文化の広がらなかった地域には、市のない地域さえあることを知った。こういう地域の商取引は、個人間の取引になるためきわめて危険である。

市の安全にかんして些細なことのようで重要なのが、長老となった老人たちが三〜五人集まって、路傍や広場の隅に、イスラームの数珠などつまぐりながらのんびりすわっていることだ。日長（ひなが）一日座っている。私も一緒に座り込んで雑談する。すると自ずと、街中の様子がわかり、不審な動きのする人物はすぐわかる。

黒アフリカ・イスラーム文明

黒アフリカ・イスラーム文明を発見したことは、黒アフリカ・イメージを一変させた。

これまでの黒アフリカ・イメージといえば、未開の原始の暗黒の世界であった。それは血縁を重視する部族文化の世界であり、自給自足の、無文字の、裸族の、呪術や妖術の世界であった。そういうアフリカが存在することも確かであった。

しかし私がサーヘル・スーダン地域でであったのは、文明のアフリカであった。これに、黒アフリカ・イスラーム文明という名を与えた。黒アフリカという語を加えたのは、このイスラーム文明は、黒アフリカ固有の歴史風土や地域文化で染め上げられていたからだ。そこには、サハラ南縁の乾燥地文化に固有な衣服文化、食文化、建築文化、商業文化、社会文化、宗教文化、芸術文化、等々があった。

写真1　交易イスラーム都市ジェンネ（マリ国　世界遺産）

（写真1）

それは、イスラームの本来の姿がアフリカの地域文化によって汚染されている、というのではない。サーヘル・スーダン地域の住民が、地域の歴史風土に根差した生活をおくりながら、イスラーム思想を支えに、地域固有のイスラーム文明を築きあげてきた結果なのである。この観点は、イスラームに限らず、世界宗教が地域や民族をこえて広がっていく場合、どんなプロセスをたどるか、それを考える場合重要である。

3　アフロ・ユーラシア内陸乾燥地文明

砂漠が文明を生む

文明とはどのようにして形成されるのか。黒アフリカ・イスラーム文明の発見は、こんな問いをつきつけた。

文明形成の古典的研究に、モルガンの『古代社会』がある。未開原始の古代社会がどのようにして文明社会形成に至るかを論じた書である。これをドイツ語で紹介したのが、エンゲルスの『家族・国家・私有財産の起源』だ。

その再検討は別の機会に行うことにして、私がすすめたのは、乾燥地の文化や文明の再考であった。アフリカ文化は従来、北アフリカと南の黒アフリカに分けて考えられがちだった。サハラ砂漠を境に、白色系アラブ・ベルベル系民族中心の北アフリカ・イスラーム世界と、南の黒色民族世界とがわけられると考えられた。

しかし黒アフリカ・イスラーム文明は、サハラ交易で結ばれたサハラ砂漠・北アフリカ・中東文明の一環として理解することが可能だった。ならば、サハラ砂漠は諸文明諸文化をむしろ結びつけた風土ではないのか。

アフリカに文明の分岐線があるとしたら、それはむしろ黒アフリカ内の、乾燥草原世界と森林世界とのあいだにあった。穀物農業と家畜文化のある乾燥草原世界とそれが欠けた南の森林世界。イスラームが発達し巨大帝国や交易都市が形成された乾燥草原世界と、これら文明要素が欠けた部族中心の森林世界。森林にあるのは自給自足経済と、祖先崇拝中心の呪術的宗教文化、部族中心文化であった。この差異は大きかった。

現実にも、北の民は森をおそれ、森の民は草原をおそれるという状況があった。この南北対立は、それをつつむ現代国民国家が形成された現在も、時に深刻な政治問題となる。

不毛にみえる砂漠は実は文明形成の母体でなかったのか。私はサハラの南の乾燥地文化の研究からこうした問題意識をいだくに至った。そこで、アフロ・ユーラシア大陸文明を、この観点から捉えなおし

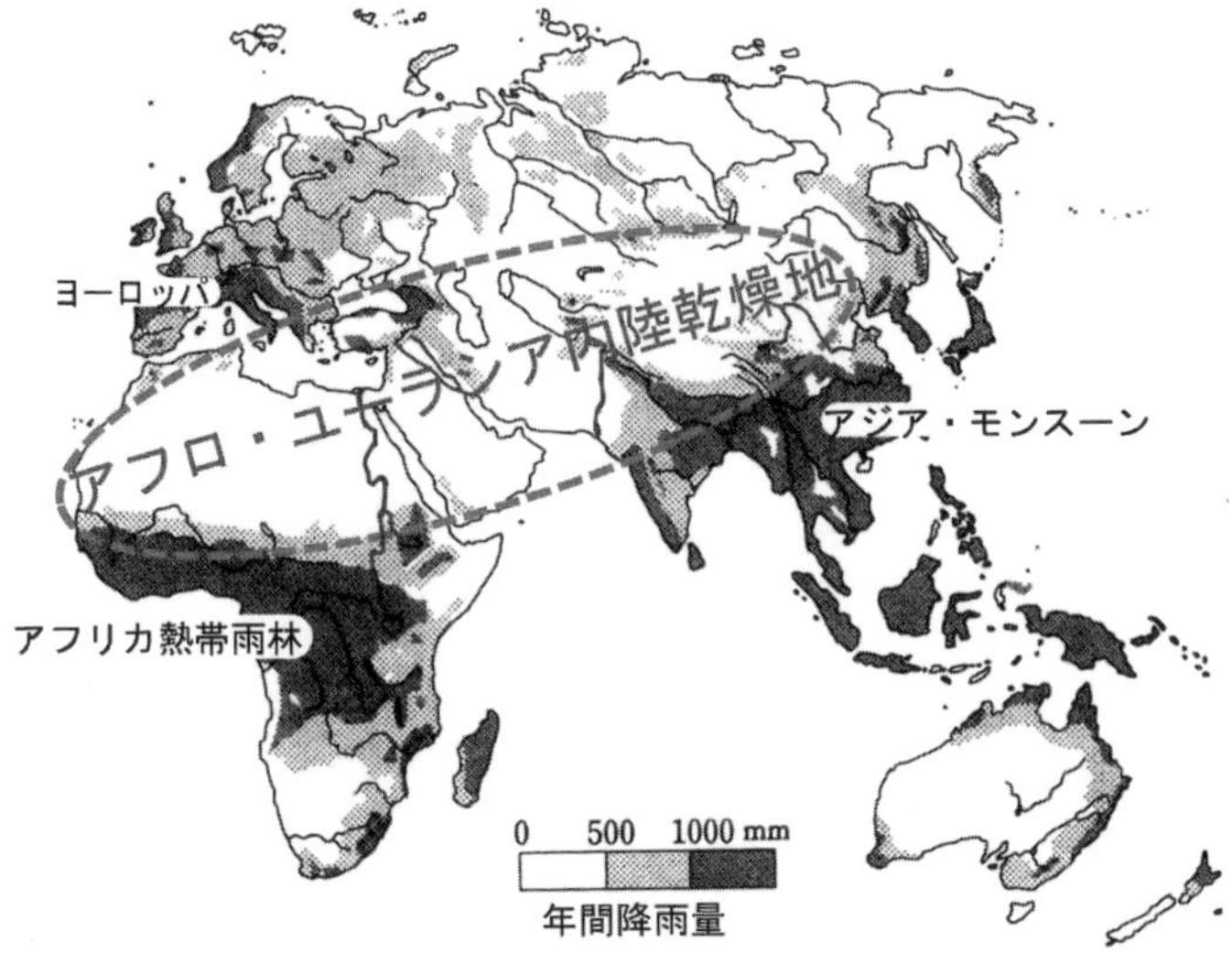

図2　アフロ・ユーラシア大陸の生態構造

てみた。

アフロ・ユーラシア内陸乾燥地文明

まずアフロ・ユーラシア大陸全体の生態構造を明らかにしよう。それを図示したのが、図2である。これは年間降雨量を、五〇〇㎜以下（乾燥地域）、五〇〇㎜から一〇〇〇㎜（半乾燥地域）、一〇〇〇㎜以上（湿潤森林地域）に三区分して、この三地域を色分けした図である。すると驚くべき構造的特性があらわれた。

すなわち、年間降雨量五〇〇㎜以下の乾燥地域が大陸中央部に広大にひろがるのだ。これをアフロ・ユーラシア内陸乾燥地と呼ぶことにした。年間降雨量一〇〇〇㎜以上の湿潤森林地域は、大陸辺縁部にしか分布しない。アジア・モンスーン、アフリカ熱帯雨林と熱帯モンスーン、ヨーロッパ、という三地域だ。

そこで人類文明史構造を、この生態構造に即して考えてみた。得たのが、人類文明史の乾燥地中心史観だった。なぜなら、人類文明は、古代四代文明をはじめとして、アフロ・ユーラシア中央部の乾燥地域中心に形成されてきた、としか考えられなかったからだ。世界の大帝国もこの乾燥地域中心に形成された。トルコ・モンゴル系帝国。中央アジアからインドに広がった諸帝国、ペルシャ帝国、アラブ帝国、ベルベル帝国などである。アレキサンダーのギリシア帝国やローマ帝国も、この巨視的観点からすると乾燥地帝国だ。サハラ南縁の黒アフリカに形成されたイスラーム諸帝国も、その仲間だ。

帝国だけでない。この地域ではシルク・ロードやサハラ交易路など、長距離交易網が古くから張り巡らされ、人と文物の交流がはげしくおこなわれ、その交易路沿いには、数々の国際交易都市が栄えてきた。

仏教、キリスト教、イスラーム教という世界宗教も、この乾燥地域の交易路にそってひろがった。それゆえ、交易路の結点に立地した国際交易都市は、同時に、世界宗教の都市でもあった。サハラや中東の砂漠地域にはイスラーム都市が、中央アジア・西域の砂漠には仏教都市が栄え、キリスト教さえも初期、中期の時代に栄えたのは、北アフリカからトルコやペルシャにまで至る砂漠の交易都市だった。

それゆえに、文明と呼びうる人類文明はこの乾燥地域で発達し、その後周辺の湿潤森林地域にひろがったのではないのか。そう考えられるのであった。ただし人類の近代史において栄えるのは、日本やヨーロッパなどの湿潤森林地域の文明であった。が、しかしそれは歴史的にみると、乾燥地文明の後進文明だった。乾燥地文明がいきわたらなかったアフリカの熱帯雨林地域や、東南アジアの熱帯雨林地域は、最近まで未開文化にとどまった。

家畜が可能にした国際交易文化

では乾燥地中心文明論が成立しうるのはなぜなのか。

灌漑文明論という古典理論がある。古代四大文明の形成を灌漑文明の発達として説明する理論だ。しかし広大なアフロ・ユーラシア内陸乾燥地域に成立した巨大帝国形成は、灌漑文明だけでは説明できない。

私は、文明形成の要点として、サハラ交易にみられたような、長距離交易網の存在にむしろ注目する。アフロ・ユーラシア内陸乾燥地全域には、古くから、長距離交易路が網の目のように張り巡らされていた。そのなかに、シルク・ロードやサハラ交易路も位置する。

では、長距離交易路がなぜ可能だったのか。そこで注目するのがアニマル・パワー（家畜力）の存在だ。アフロ・ユーラシア内陸乾燥地域には、ラクダをはじめ、移動・運搬手段となりうる、ウマやロバ、ウシなどの大型家畜群が存在した。家畜は基本的に草食哺乳類であり、草原風土に適応しているが故に、その分布は乾燥地域に集中しているのだ。

植物が繁茂する森には、家畜の餌がたくさんあるように思われるが、そうではない。森林には家畜の餌になるイネ科植物がないからだ。草食哺乳類にとって、森は食物のない砂漠のような環境だ。しかも湿潤度著しい森は、家畜の病気をひきおこす細菌やウイルス、昆虫類に満ちている。森に入ったら、家畜は病気になり死ぬ。他方太陽に照らされ乾燥した砂漠では、病原菌類は殺される。それ故乾燥地は人間にとっても家畜にとっても健康な環境なのである。

家畜は、農耕や深井戸からの水汲みなどの力仕事にも使われた。アフロ・ユーラシア内陸乾燥地域は、麦類、モロコシ類、豆類を栽培する穀物農業がおこなわれる地域であるが、乾燥地域の農地は広大だ。広大な農地は犂で耕作されるが、その動力となったのがロバやウシ、ウマであった。また乾燥地域の井戸は深さが何十メートル以上もある。その水を汲みあげるのが、ロバやラクダ、ウマだった。そしてその水を皮袋にいれて、ロバの背で数キロ先のキャンプ地や住居にはこぶ。

そのうえに大型家畜には、人や荷物を載せて遠距離をはこぶことができる移動・運搬能力があった。その能力は家畜により差が大きいが、ラクダなら数千キロもの距離を、百キログラム以上の荷を負って移動できる。これによって、アフロ・ユーラシアの内陸乾燥地域全体をおおう長距離交易網ができあがり、内陸グローバル経済文明が形成された。

内陸乾燥地域に分布する大小さまざまなオアシスは、内陸交易路網の結節点となり、そこには国際交易都市が形成された。交易は、内陸乾燥地域とその周辺に分布する諸民族諸部族の交流と、各地の産物の交換によって成りたつからである。

しかもこれら交易都市は世界宗教の拠点都市ともなった。なぜなら諸民族・部族が交流し共存するには、民族主義や部族主義をこえた普遍的倫理を有する精神文化が必要であり、これを提供したのが仏教やキリスト教、イスラーム教などの世界宗教であったからだ。サハラや中東、中央アジアにはイスラーム都市が栄え、エジプトからトルコに至る地中海東岸地域にはキリスト教都市が栄え、ユーラシア中央には仏教都市が栄えた。

砂漠の文化を研究している私は、巡礼者のような気分でこれらのオアシス都市を調査した。

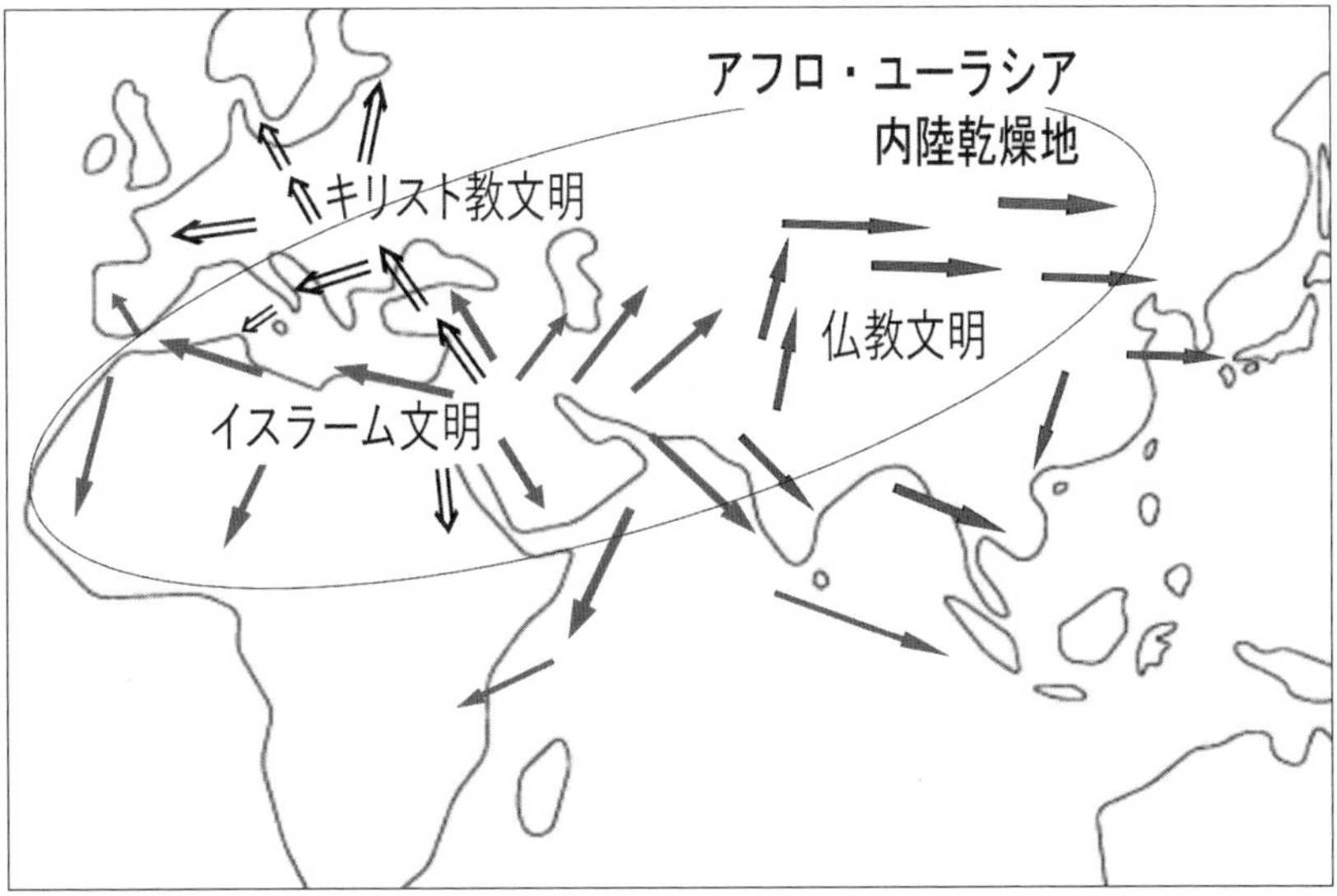

図3　世界宗教の展開とアフロ・ユーラシア内陸乾燥地文明

文明や文化の発展を考える場合、農耕や牧畜漁業などの第一次生産の生産力も重要だが、それだけでは文明形成には至らない。地域と民族の枠をこえた人と物資の交流が重要であった。それゆえ、砂漠の中のオアシスのように第一次生産の面では小規模な地点でも、この交流の媒体になることによって、都市文明形成の中心になりえた。（図3）

家畜力が可能にした帝国形成

家畜の存在は帝国形成の最大要因でもあった。なぜなら、ウマやラクダ、ロバという大型家畜は、すぐれた戦争手段でもあったからだ。とりわけ、ウマは優れた戦争手段であり、大帝国形成の背後には大規模な騎馬兵軍や馬戦車部隊がいた。

サハラにはラクダ戦士がいたが、短距離のスピード走が困難なラクダは、どちらかといえば、長距離交易の輸送家畜だった。ロバも戦闘家畜ではない。しかし戦争は戦いだけではない。兵士の食料や寝具、武器をはこぶ輜重部隊が必要で、乾燥地の戦争はさまざまな家畜の移動・運搬能力に応じた家畜利用をしながらおこなわれた。

ただし家畜の軍事利用だけを強調すると、従来の騎馬民族強盗史観におちいる。巨大帝国形成の背後には、家畜の長距離交易への利用と、長距離交易網整備による国際経済の発展もあった。

牧畜民の経済的豊かさも強調しておこう。それはまず家畜、とりわけ大型家畜が巨大な富だからである。家畜の商品価値は地域によって異なる。黒アフリカのウシ一頭の値は世界最低レヴェルだ。しかしそれでも一〇万円内外はする。するとこのウシを一〇頭所有すれば一〇〇万円、七〇頭所有すれば七〇〇万円の財産となる。これは年間粗収入が一六万円程度のアフリカ農耕民経済力からみたら天文学的価値の財だ。ウシの値が二倍三倍になれば、財力も同じ割合で増大する。サハラのラクダ遊牧民も百頭以上のラクダをあちこちに隠しもっている。

アフリカの牧畜民は原野でキャンプ生活をおくるが、所有する財は莫大なのであった。

家畜経済にはさらに、家畜の毛で織る絨毯経済、羊毛経済、皮革経済もある。これらを合算すると、牧畜民一家族が有する財はさらに莫大となる。

牧畜民は、乾燥地域経済のなかで資本家や起業家の役割をはたしうる潜在的能力を有し、現実にも果たしてきた。

それ故にまた騎馬民族は他民族、とりわけ農耕民族や都市民に対してかならずしも敵対的ではなかった。牧畜民にとっては牧畜民だけで孤立して生活するよりも、都市文化や農耕民族との共存や交流のほうが、経済的に有利な場合が多かったからだ。

騎馬兵はしかも実際の戦闘をあまりやらない。戦闘は、騎兵自身以前に、戦闘馬が傷つき殺される可能性が大きいからだ。それは、高価な戦闘馬の損失になるし、騎馬を失った騎兵は無力となる。騎馬兵をならべたり走らせたりして勢力を誇り、相手の退却や和平を待つ。あるいは自ら退却する。不要な戦いはさけられる。和平によって敵にも味方にも損失すくない形での経済的社会的共存関係が成立するほうがよい。こうした騎馬民族の戦争技術は詳細に研究する必要がある。

家畜文化における科学技術

家畜にも起源地と伝播がある。家畜としてのウマの起源地は、ウクライナ方面であったようだが、それがヒッタイトやペルシャ、ギリシアに伝播することによって、その地域の政治権力の巨大化をひきおこした。家畜種それぞれの伝播と品種改良のくわしい研究は、家畜文化中心に文明形成を考える場合必要な課題である。

ウマの軍馬としての利用には、鐙（あぶみ）などの馬具の発明も必要だった。競馬を見てもわかるように、騎手は鐙にのせた足でふんばり、尻を鞍にのせない。そうしないと身体は馬の振動で痛めつけられる。鐙がないと、馬にのって槍刀を使用し、弓を射ることもできなくなる。

しかしこれは高度の発明であったようで、鐙の本格的利用はモンゴル人だったようだ。鐙の利用が遅れた中東では、ウマの軍事利用の始まりは馬車戦車であった。

家畜の品種改良や馬車、鐙などの発明は、乾燥地域における科学技術の発展の問題として考察する必要がある。絨毯や天幕、チーズやヨーグルトなどの乳加工も、乾燥地の重要な技術発明だ。

また砂漠でのラクダ移動は主に夜間、星をたよりに行われた。ここにも乾燥地特有の天文学の発展があったはずだ。

化石エネルギー発見以前の時代におけるエネルギー

化石エネルギーを使う以前、人類はいかなるエネルギーを利用したのか。

主要エネルギーとして考えられやすかったのは、植物エネルギーだった。薪炭を燃やして得られる火力エネルギーは、煮炊きを可能にし、人類が生では食べられないさまざまな食物を大量に食べることを可能にした。防寒にもなった。土器づくりや、金属精錬をおこなうこともできた。

しかし、家畜エネルギーもあった。これにより、アフロ・ユーラシア内陸乾燥地域では、長距離の人と物資の移動・輸送が可能になり、大陸レヴェルの商業経済と都市文化が形成された。家畜を軍事政治手段として利用すれば、巨大帝国形成も可能だった。その結果、さまざまな民族、さまざまな地域、さまざまな文化の交流と統合が可能となり、文明と呼びうる人間文化が形成された。

これには新たな宗教文化形成もともなった。仏教、キリスト教、イスラーム教という世界宗教文化である。部族や民族をこえた人類社会を形成するためには、その理念をしめさなければならなかったからだ。

世界宗教には文字経典もともなった。世界宗教は文字文化普及の最大の功労者だった。つい最近まで、文字を学ぶというのは、世界宗教の経典や神学書を読むことだった。経典を読むというのは救済を学ぶためだけではなかった。文明世界にふさわしい人間の生き方を学ぶためでもあった。それゆえに、宗教は、新しい文明社会にふさわしい社会制度、倫理、これにともなうさまざまな工芸技術や学問を生みだす推進母体ともなってきた。

その意味で、仏教、キリスト教、イスラーム教といった世界宗教は人類諸文明の推進母体であった。しかし文明も時代、地域によって変化する。その場合は宗教のみならず経済・社会・文化の総体が変化しなければならない。

第5章　イスラームと科学技術

三村太郎

今日、イスラームはＩＳＩＳを代表とする原理主義的な活動で注目を集めているが、科学の歴史をふりかえると、ギリシア科学の後継者としてイスラーム文化圏の学者たちの貢献が無視できないことに気付く。アッバース朝以降、イスラーム文化圏で、なぜ、いかにして科学研究が華々しく展開したのかを、イスラーム布教との関連で示したい。

【アッバース朝（七五〇〜一二五八）】

非アラブ人イスラーム教徒と協力することでウマイヤ朝を倒し、成立した王朝。その宮廷においてギリシア科学が大々的に受容され発展した。


【論証】

誰もが疑いえない公理から出発して推論を経て結論を出す論述形式のこと。幾何学的証明がその典型例である。


【キンディー（八〇一〜八六六）】

アラブ人最初の哲学者と呼ばれた、アッバース朝宮廷占星術師のひとり。占星術や天文学、数学にとどまらず、哲学や医学など多岐にわたる分野で活躍した。

1　はじめに――最先端科学を担ったイスラーム文化圏

近代科学はコペルニクスによる地動説に代表される科学革命によって始まったとされる。ヨーロッパはルネサンス期のギリシア文化再発見の過程でギリシア科学の重要性を再認識し、そのギリシア科学の伝統に基づく科学研究が科学革命を引き起こし、近代科学が成立した。[*1] しかし、ギリシア科学成立とヨーロッパ近代科学成立とのあいだには千年以上もの隔たりがあるように、ヨーロッパが台頭するまで、イスラーム社会がギリシア科学の伝統を引き継ぎ、科学研究活動の最先端を担っていたことは忘れてはならない。

イスラームという宗教は六一〇年頃ムハンマド（五七一～六三二年）が唯一神アッラーから啓示を受け預言者となることで始められた。六二二年、ムハンマドとアラブ人の教友たちはメディナに移住してイスラームの教団組織を設立し、サーサーン朝ペルシャ（二二六～六五一年）を滅亡に追いやった結果、アラブ人を中心としたウマイヤ朝（六六一～七五〇年）が成立した。しかし、ウマイヤ朝下での非アラブ人イスラーム教徒たちへの差別が横行し、とりわけペルシャ人たちのあいだで差別への不満が蓄積した。そこで、一部のアラブ人たちとペルシャ人たちとが協力することでウマイヤ朝を打倒し、アッバース朝（七五〇～一二五八年）を建立した。[*2]

そのアッバース朝下で、宮廷を中心として行われた大量のギリシア科学文献のアラビア語翻訳活動に基づいて、宮廷に参与していた学者たちによる独自の科学研究が展開した。例えば、博学者ビールーニー（九七三～一〇五〇年頃）は、『占星術教程』という占星術の教本において「地球の大きさについて相違はあるか」という章で、初期アッバース朝期に地球の直径計測のための観測隊が組織されたことを以下のように伝えている。[*3]

〔地球の大きさについて〕確かに〔意見の〕相違はあるが、それは観点や情報に帰される問題である。各民族は、ギリシア人のスタディオンやインド人のヨージャナのような各地域で用いられる距離〔の単位〕によって、それを知っている。こうして、アラビア語に翻訳された書物からは事実は得られないので、マームーン・イブン・〔ハールーン・〕アッ＝ラシード（アッバース朝七代目カリフ、在位八一三～八三三年）はそのことを確認するように命じた。そこで学者集団はスィンジャール砂漠（メソポタミア）に向かう彼に同行し、一度に相当する距離が五六と三分の二ミール（約一一二㎞）であることを発見した。彼らがこれを三六〇に掛けると二万四〇〇〇となった。これが地球の大円の円周のミールである。

このビールーニーの報告にあるとおり、アッバース朝はギリシア科学をただ受容するだけではなく、その内容を発展させるべく自律的な科学研究活動を推進していたことがわかる。その結果、イスラーム文化圏は、アッバース朝成立以後一五世紀にいたるまで、科学研究の最先端を担ったのだった。[*4]

その一方で、初期アッバース朝がなぜギリシア科学の受容を推進したのかは考察を要する。なぜなら、イスラームの布教を使って拡大していたアッバース朝にとって、唯一神の存在を前提としないギリシア科学の内容は、一見するとイスラームに反するものとして避けられるべき存在だったのではないかと考えられるからである。[*5]

実際、アッバース朝下で外国語文献の翻訳を開始した二代目カリフ・マンスール（在位七五四〜七七五年）は、あくまでサーサーン朝ペルシャ対策のために翻訳を促進したことは注目に値する。アッバース朝はサーサーン朝ペルシャの後継国家としての地位を確保するべく、サーサーン朝ペルシャの伝統を引きつぐために必要な知識を外国語文献の翻訳を通じて獲得しようとした。[*6] それゆえ、マンスールの頃、ギリシア語科学文献はその翻訳活動の中心にはなかった。

しかし、ビールーニーの言及していた七代目カリフ・マームーンの頃になるとギリシア科学への関心が高まる。例えば、マームーンの宮廷占星術師ハバシュは、そのズィージュ（天文ハンドブック）の序文において、当時の宮廷でいかなる経緯でプトレマイオス天文学が重視されるようになったのかを以下のように書き残している。[*7]

マームーンは卓越した知の持ち主で、精妙なる事柄や深遠なる知の探求に熱心だった。とりわけ星に関する知を好み、彼はカノン〔『アルマゲスト』〕などギリシア人たちの諸著作における内容と、『シンドヒンド』や『アルカンド』においてインド人たちの保持していた内容、『王のズィージュ』においてペルシャ人たちの保持していた内容とを比べた。すると、彼は、それらが互いに異なり、それぞれ、あるときは真なるものに合致し、あるときは真実から外れていることを見出した。

以上の状況に陥ったので、マームーンは、この〔星に関する〕学問の基礎を探求し、それを正しくするため、ヤフヤー・イブン・アビー・マンスール〔八三〇年頃没〕に、星の学問についての諸著作の基礎に立ち戻り、この学問に精通している者たちや当時の知識人たちを集めるよう命じた。というのは、プトレマイオスが、すでに、これから知ろうと試みている星にまつわる学問に到達することは不可能ではないことを示していたからである。

そのためヤフヤーは、その命令に従って星の学問に精通している学者たちと当時の配下の知識人たちを集めて、これらの書物の基盤の探求を開始し、それらに書かれている内容の精査と比較を行った。その結果、あらゆる書物の中でアルマゲストと呼ばれているプトレマイオスの書物よりも正確なものはないという見解を得た。というのは、プトレマイオスはそこにおいて明白な観測〔測定〕と幾何学的論証によって真の正しさへと至っていることを示しているからである。また彼が言うには太陽や月や諸星の運動を天球におけるさまざまな位置として観測し、あらゆる状況下で、それら〔諸星の位置〕の吟味を行ったのだという。その観測と吟味の結果、彼以前に諸星の平均化を行った人々の観測における誤りへと喚起され、彼は観測と吟味によって生じてきたそういったすべての誤りを正したのだった。このように彼は当時の観測と測定で見出したことに基づいて修正することで、諸星の位置を決定し、その書を仕上げたのだという。

それゆえ、彼ら〔マームーン宮廷の学者たち〕はこの書〔『アルマゲスト』〕をカノンとして受け入れ、アーミラリ天球儀などの観測器具を使ってプトレマイオスが述べている観測を開始し、バグダードにおいて、さまざまな期間、太陽や月の運動の吟味をするようになった。

このように、マームーン期になって、プトレマイオス天文学が、その厳密性ゆえに本格的に読まれるようになり、ギリシア天文学を手本に宮廷の学者たちは天文学研究を遂行することになったという。たしかに、マームーンの頃から、学者たちの関心はギリシア科学へと集中し、独自の科学研究が展開されるようになっていった。

では、なぜ、ギリシア科学が、マームーン期になると、その厳密性ゆえに注目を集めるようになったのだろうか。その理由の一つとして、アッバース朝が異教の人々をイスラームに改宗させつつその領域を拡大していったことがあげられる。

2　アッバース朝におけるギリシア科学の必要性

アッバース朝は、ユダヤ教やキリスト教といった同じ一神教のみならず、サーサーン朝ペルシャの公認宗教だったゾロアスター教に代表される「この世は善（光）と悪（闇）から成り立っている」という世界観を持つ二元論にも対峙していた。[*8] ここで、一神教の枠組みでは収まらない二元論を信仰する者たちを改宗させるために宗教論争を行うには、「一人の神がすべてのものを創造した」といった一神教では疑いえない前提を所与のものとはできないため、人間にとってより基本的な万人の共有する認識を前提として論理的な議論を展開する必要があった。

例えば、神学者カーシム・イブン・イブラヒーム（七八五〜八六〇年）は『不敬者論駁』において、二元論者との問答を記録している。[*9] まず、ある二元論者はカーシムに対して「この世には善と悪が存在するのだから、これら両者は二つの（異なる）永遠なる要素から成り立っている」と述べることで自らの二元論の根拠付けを行ったという。それに対してカーシムは「善と悪の存在は、創造主が唯一だということを示している。その証拠に善と悪はそれぞれ善人と悪人に付随しており、それら両者（善人と悪人）は創造されたものだからである」といった議論で永遠なる善と悪という二つの要素から成立した世界を前提とする二元論を論駁しようとした。

この例が示すように、二元論者を論駁するには「善と悪の存在」という彼らの前提を使って、彼らよりも論理的に神の一性を示す必要があった。それゆえ、二元論者を含めて異教論駁を行うために、アッバース朝宮廷は論理性の高い強力なディベート力を求めるようになったのだった。そこで、宮廷に参与していた学者たちは自身の議論能力を磨くため、強力な議論法を求め始めた。その際、彼らの中でギリシアの学問を背景に持つ学者たちが見出したのが、ギリシアの学問が生みだした論証という議論形態である。

論証は、誰も疑いえない公理という前提から出発して正しい推論を経て結論を導くという、幾何学的証明をモデルとした議論法である。[*10] 公理から出発しているため、論証に基づいた議論は誰も否定できないほど強力なものだった。この論証をギリシア数学や天文学から学んだのがアッバース朝宮廷の占星術師たちだった。

ここで、イスラーム文化圏において「アラブ人最初の哲学者」と呼ばれたキンディー（八〇一～八六六年）をとりあげよう。[*11] 彼はまず占星術の能力を買われてアッバース朝カリフの配下となったと考えられている。とはいえ、彼の残した著作は占星術にとどまらず、哲学や医学までも含む多岐にわたるものだった。

なぜ占星術師だったキンディーが専門以外の分野に対して発言していたのだろうか。その理由は、アッバース朝において学者の大半が、パトロンであるカリフなどの権力者たちの助言者として活動していたからである。彼らは権力者と一対一の主従関係を結び、さまざまな場面で助言を行うことで生活の糧を得ていた。それゆえ、占星術師は、占星術の知識をきっかけとしてパトロンを得たとしても、自らの能力の範囲内でパトロンの要求するさまざまな課題に答えていた。実際、キンディーは、占星術師でありながらアッバース朝宮廷の緊急課題だった二元論者論駁に関しても発言していた。例えば『神の一性と世界の有限性についてのイブン・ジャフムへの書簡』を、キンディーは以下のような言葉で始めている。[*12]

私が口頭で説明した神の一性と世界の有限性について書き記してくれというあなたの要望を理解した。〔中略〕私はできる限りあなたの条件に合わせてあなたのために書き記した。

ここで宛てられているムハンマド・イブン・ジャフムはアッバース朝の宰相で、キンディーのパトロンだった人物である。なぜ当時、世界の有限性と神の一性の説明を求められたのかというと、永遠なる善（光）と悪（闇）の存在を信じる二元論者たちは唯一神の存在を否定し、世界の無限性を主張していたからだった。キンディーはパトロンから二元論者論駁に関する質問を受けて、その助言を書簡として送ったのだった。二元論者論駁に関してアッバース朝宮廷が特別関心を持っていたことは、キンディーが別のパトロンであるアフマド・イブン・ムハンマド・フラサーニからの質問を受けて、『事物の有限性についてのアフマド・イブン・ムハンマド・フラサーニへのヤアクブ・イブン・イスハーク・キンディーの書簡』を書いたことからも裏付けられる。[*13] さらに、本書簡では、数学的証明の形式に則って世界の有限性を証明することも興味深い。

その論証において、キンディーは「等質な量」に注目する。等質な量とは、キンディーによると線分などの数学的な量のことで、「等質な量」に関する以下の四つの命題をまず提示する。

命題1　二つの等質な量が互いに大きくも小さくもなければ、両者は等しい。
命題2　ある等質な量に別の等質な量を加えると、その結果はもとの等質な量とは異なる。
命題3　二つの限りない等質な量において、一方が他方より小さいことは不可能である。
命題4　有限な等質な量の和は有限である。

これらの命題をふまえて、キンディーは次のように論証を進める。まず限りない事物が存在するならば、その内部に有限な事物が想定できる。そこで内部の事物が限りない事物から切り離されたならば、その残りの事物は有限の事物か無限の事物であるはずである。もしも残りが有限ならば、残りと切り離された事物の和は有限のはずであり、これは矛盾する。もしも残りが無限ならば、残りと切り離された事物の和も無限となるが、命題3に矛盾する。以上でキンディーは世界の有限性は論証できたという。

このように、ギリシア数学や天文学の知識を背景に占星術師として宮廷に参与したキンディーは、ギリシア数学や天文学の基盤を支える論証という強力な議論形態をモデルに二元論者論駁でも活躍していた。その強力なディベート力によって助言者として成功したキンディーのもとに、さまざまなパトロンから幅広い質問が殺到した結果、その助言内容を記した書簡が数多く編まれた。だからこそ、キンディーの多分野にわたる書簡が伝わっているのである。

一方、キンディーがギリシア数学や天文学に関する書簡を多く残していることから、宮廷において、論証のみならず論証に基づいたギリシア数学や天文学自体への関心が高まっていたことがわかる。その高まりの中、先に引用したハバシュのズィージュの序文で述べられていたとおり、論証に基礎づけられたプトレマイオス『アルマゲスト』が最良の天文学書として認識されるようになったことはうなずける。

ここで注意すべきは、論証という議論法を学ぶ手本として『アルマゲスト』に注目したアッバース朝宮廷において、『アルマゲスト』の提示する成果のみならず、『アルマゲスト』で展開している議論それ自体への関心があったことである。それゆえ、宮廷は『アルマゲスト』の要約では飽き足らず、その全体の翻訳を望んだのだった。

アッバース朝宮廷に助言者として参与していた学者たちが宗教論争のために強力な議論法を探求する過程で、占星術師といったギリシア数学や天文学の素養を持っていた学者たちは、ギリシア数学や天文学の基づいていた論証に注目し、その厳密性を武器に助言者としての地位を確立しようとした。論証の強力さに感銘を受けた宮廷の政治高官たちはギリシア数学や天文学自身に興味を持ち、そのギリシア語テクストをアラビア語に翻訳させ、論証を身に着けようとした。だからこそ、アッバース朝では、ギリシア語数学・天文学文献の翻訳が大々的に遂行されたのである。

さらに、宮廷において占星術師以外でギリシア科学の素養を持っていた一大勢力である医学者たちも、占星術師たちと同じように宗教論争に関わる助言を求められていた。例えば、キンディーも参与していた一〇代目カリフ・ムタワッキル（在位八四七～八六一年）の宮廷で活躍したアリー・イブン・サフル・タバリー（八一〇～八五五年頃）は、もともとキリスト教徒で、その父から医学の手ほどきを受けてギリシア医学の担い手となったのだが、後にイスラームに改宗したことで知られており、イスラーム擁護者としてキリスト教論駁文書『キリスト教論駁』やイスラーム擁護文書『宗教と国家について』を残している。[*14] タバリーのように、他の宮廷医たちも助言者として医学にとどまらず宗教論争も含めたさまざまな助言を求められていただろうことは想像に難くない。それゆえ、彼らも助言者として生き残るために強力な議論法を探し求めた結果、彼らが見出したのがガレノス医学だった。

ギリシア医学の権威としてその影響力がルネサンスの頃まで続いたガレノス（一二九〜二〇〇年頃）は、医学の論証科学化を進めたことで知られている。[*15] なぜ医学の論証科学化を推し進めたのかというと、ガレノスの活躍していた当時、さまざまな医学派が存在し、どの学派が正しいのかをめぐって数多くの論争が繰り返されていたためである。その論争の只中で、ガレノスは自らの医学理論を正当化するため、より整合性の高い議論を求めて医学の論証科学化を目指した。実際、論証の重要性について、例えば『ヒッポクラテスとプラトンの教説』第三章第八節で、ガレノスは次のように述べている。[*16]

実際に真実をもとめる者は、詩人が言っていることを考察しないほうがよいだろうと私は考える。むしろ学的な前提（公理）を見出す方法を最初に学び、次に、この方法に従って訓練して鍛えるべきである。そして、その訓練が十分に進んだときに、それぞれの問題に関して、それを論証するために必要とされる前提について考察すべきである。

このように、ガレノスは、諸医学派が乱立する中、論証の重要性を主張し、自身の医学理論を論証で裏付けようと努力した。

ガレノス医学における論証に基づいた議論に注目したのがアッバース朝宮廷医たちだった。彼らはガレノスの医学書を読むことで論証を身に着け、さまざまな議論の場で成功を収めようと努力した。その努力は実を結び、宮廷医たちは助言者として重要視されるようになり、その結果、宮廷内でガレノスの医学書における論証に基づいた議論への関心が高まった。それゆえ、プトレマイオス『アルマゲスト』と同様、ガレノスの医学書の要約ではなく、その本文のアラビア語訳が求められるようになったのである。

以上、アッバース朝宮廷に参与していた学者たちの動きを見ることで、なぜアッバース朝宮廷がギリシア科学を必要とするようになったのかの理由を考察した。イスラーム布教を目指すアッバース朝宮廷にとって、二元論者論駁を含めた宗教論争で勝利を収めることが喫緊の課題だった。その結果、宮廷に助言者として参与していた学者たちもさまざまな宗教論争に関わらざるを得なくなり、万人が納得できる論理的な議論を求めることになった。その宮廷学者たちのうち、占星術師や医学者というギリシア科学の知識を背景に持つ学者たちは、助言者として生き残る過程で、宗教論争も射程に含めたさまざまな議論で優位を保つために強力な議論法を探し求めた結果、占星術師たちはプトレマイオス『アルマゲスト』を通じて、医学者たちはガレノスの医学書を通じて、ともに論証を身に着けようとした。その戦略が成功を収めたことで、アッバース朝においてエウクレイデス『原論』やプトレマイオス『アルマゲスト』、ガレノスの医学書といった論証に基づくギリシア科学書自身への関心が高まり、その翻訳活動が大々的に行われた。まさにアッバース朝宮廷はイスラーム布教と異教論駁という課題を抱えることで論証科学の受け皿となり、ギリシア科学の研究を振興することになった。

ここで注意すべきは、アッバース朝宮廷の学者たちは、ガレノスやプトレマイオスの権威性ゆえにギリシア科学を受け入れたわけではなく、論証に基づく彼らの議論の論理性の高さにひかれてギリシア科学の重要性に気付いたという点である。それゆえ、学者たちは、ガレノス医学やプトレマイオス天文学における議論の内容を、そのギリシア語原典のアラビア語訳を通じて厳密に読解しようと努めた結果、彼らはガレノスやプトレマイオスの言説のいくつかに論理矛盾を見出すことになった。その論理矛盾を乗り越えようと、イスラーム文化圏の学者たちは権威を超えて独自の科学研究を遂行するのだった。

3　権威を超えるイスラーム科学

ガレノスの教説に疑問を呈した最初期の医学者がアブー・バクル・ムハンマド・イブン・ザカリヤー・ラーズィー（八六四～九二五／九三二年）である。[*17] ラーズィーは、ギリシア医学の担い手として数多くの著書を残し、彼の著作はラテン語にも訳されることでヨーロッパにも影響を与えた。また、その著作の多くがガレノスの著作を要約したものとガレノスの著作を模したもので占められていたことから明らかなように、彼はガレノス医学の綿密な検討を続けたことで知られている。その一方、ラーズィーは『ガレノスへの疑問』というガレノスの教説に含まれる多くの論理矛盾を抜き出し批判を加える著作を編んでいることは注目に値する。

『ガレノスへの疑問』の冒頭で、ラーズィーはなぜ本書を編んだのかについて以下のように述べている。[*18]

医学や哲学は権威たちに従い受け入れることを認めず、彼ら〔権威たち〕にのめりこみ詳細に検討することをやめてしまうことも認めない。また哲学者も、その弟子や生徒たちのそういう〔態度〕を好まない。実際、すでにガレノスが『各部位の用途について』においてこう述べている。「論証もなしに彼ら〔権威たち〕に従い、彼らを信奉し、彼らを受け入れる者たちを非難する」と。

それゆえ、彼は本書でガレノスの教説さえも詳細な検討を施し、疑問点を提示したのだという。この一節から、ラーズィーは議論の論理整合性を最も重視していたことがよくわかる。やはり宮廷の助言者として活躍する中で、論理的な議論の重要性を認識していたのだった。その結果、ラーズィーは、ガレノスの教説を権威化することなく、ガレノスの教説自体の検討へと向かい、本書を編んだのである。

さらに、ラーズィーがいかにしてガレノスのテクストを読んでいたのかに関して、『ガレノスへの疑問』本文においてガレノスの議論のあいまいさを提示する中で、以下のような体験談を挿入している。*19

私は、かつてバグダードにおいて誉れ高くアリストテレスにより共感していた人物とガレノスの著作を読んでいた。彼は、こういう〔論理的にあいまいな〕箇所に行きつくと、その〔ガレノスに〕より共感していることについて、私への非難を強くした。多くの場合、こういう箇所についての私に対する彼〔バグダードの学者〕の議論の整合性の高さゆえ、しばしば私は困惑した。

このラーズィーの体験談から、当時ガレノスの原典を講読する場が存在しており、論理整合性の観点から厳密に内容の検討を行っていたことがわかる。ギリシア医学の担い手たちは自らの議論の論理整合性を求めてガレノス医学を発見したため、ラーズィーは『ガレノスへの疑問』を編み、不整合な議論を取り除くことでガレノスの医学体系をより整合性の高いものとしようとしたと言える。

注意すべきは、ラーズィーは『ガレノスへの疑問』でガレノスのあいまいな論点を指摘するのみで、代替案を提示することはなかったことである。しかし、イスラーム文化圏の学者の中には、一歩進んでガレノスの学説を改良する者も存在した。例えば、エジプトで活躍したイブン・ナフィース（一二一〇〜一二八八年）は、イブン・スィーナー（九八〇頃〜一〇三七年）の『医学典範』を注釈する過程で、ガレノスが提唱した「心中隔壁通孔説」（両心室を分ける壁に孔が開いておりの血液は肝臓で生産されてその孔を通過し体の各部分でエネルギーとして消費されるとする説）の論理不整合性に気付き、血液は循環していると考えたほうが整合的だとの見解を提示した。[*20] ガレノス説はルネサンス期にハーヴェー（一五七八〜一六五七年）によって否定されるまで権威的な見解だった。イスラーム文化圏では、あらゆる教説を論理整合性の観点から検討する態度があったため、イブン・ナフィースのように、いくら権威的な説だとしても批判的に検討する学者が登場したといえる。ただし、イスラーム文化圏においてイブン・ナフィースの批判はそれほど影響を与えず、その後もガレノス説が支配的だったことは付記しておく。

このように、イスラーム文化圏ではギリシア医学研究において、ガレノス医学を権威化することはなかった。あくまで論理整合性の観点から、ガレノスの権威的な説も含めたあらゆる学説が批判的に検討された。その結果、イスラーム科学は、ギリシア科学を超えて独自の科学研究を遂行するようになったと言える。実際、同様の検討作業が、プトレマイオス『アルマゲスト』に対しても行われたことは興味深い。

その検討作業を最初期に行ったのが、エジプトのファーティマ朝（九〇九〜一一七一年）で活躍したイブン・ハイサム（九六五〜一〇四〇年頃）である。[*21] その天文学研究歴の初期において、イブン・ハイサムはプトレマイオス天文学に忠実だったことが知られている。彼の『世界の仕組み（ハイア）について』はプトレマイオスの惑星モデルを用いてそれを立体化する仕方を初めて明示し、プトレマイオス天文学を拡張した立体宇宙モデルを考察する「ハイア（構造）の学」という学問ジャンルのさきがけとなった。[*22] 本書以外にも、彼はプトレマイオス・モデルを用いてさまざまな天文学書を編んだ。

例えば、彼の『天文演算の修正について』は、惑星の高度を二回観測して得られた高度変化から二回の観測を隔てる時間差を求める方法を述べたもので、この論考では半日ほどの比較的短期間の惑星運動を扱うため、日周運動がその運動の大部分を占めていた。[*23] とはいえ、惑星はその軌道上で独自の運動を行っているので、この論考では『アルマゲスト』の経度モデルと緯度モデルを全面的に受け入れて、惑星の独自の運動と日周運動とが組み合わさって、いかなる運動を惑星が行っているように見えるのかを詳述し、経過時間の決定をできる限り精密にしようとしていた。しかし、本論考は、最終的には月の場合しか計算法を提示せず、その他の惑星については具体的な決定法は述べられないという、未完のものとして伝わっている。

なぜ『天文演算の修正について』でイブン・ハイサムは月以外の場合の考察をあきらめたのだろうか。おそらく、プトレマイオス『アルマゲスト』の立体モデルを使って日周運動を含めた総合的な惑星運動を考察し天文計算を遂行する過程で、その三次元化されたモデルに論理整合性の観点からさまざまな矛盾が含まれていることに気付いたからだと考えられる。その結果、彼はプトレマイオス・モデルに含まれる不整合な箇所に疑問を持ち、月以外の場合を遂行するのをあきらめたのではないだろうか。

実際、イブン・ハイサムはプトレマイオスの教説に含まれるさまざまな問題点を指摘する『プトレマイオスへの疑問』という書物を編んだことからも、彼がプトレマイオス惑星モデルを批判的に検討し始めたことが裏付けられる。この論考はプトレマイオスの『アルマゲスト』や『惑星仮説』、『光学』に対する疑問点を提示するもので、プトレマイオスの惑星モデルも批判の対象となっている。とりわけプトレマイオスが惑星の運動速度の不規則性を説明するために、世界の中心である地球から離れたエカントを導入し、その点を中心に惑星の周転円が一定の速度で回転していると想定したことへの批判は強く、球の中心のまわりの等速運動という原則に反するゆえにエカントは受け入れられないと彼は結論付けている。

さらに、注目すべきは、イブン・ハイサムはただプトレマイオスを批判するだけで、その改良をしなかったわけではなかったことである。彼は『往復運動について』で緯度に関する惑星軌道の往復運動を球の等速運動の組み合わせで表現しようとしたと伝えられている。[*24] 残念ながら、この作品は現存しておらず、彼の工夫の全容は知ることはできない。だが、失われた『往復運動について』の工夫を批判的に受け継ぎ発展させたのが、イルハン朝（一二五六～一三三五年）の宰相ナスィール・ディーン・トゥースィー（一二〇一～一二七四年）で、その成果が、現在天文学史上「トゥースィー・カップル」と呼ばれる二つの球の運動の組み合わせで直線運動を表現する幾何学的な工夫として結実し、イスラーム文化圏における「ハイアの学」は大いなる進展を遂げるのだった。さらに、トゥースィーたちの成果の一部がコペルニクスに伝わり、彼の地動説モデル成立に重要な影響をもたらした可能性が考えられている。[*25] 近代科学の根幹である地動説の成立にまで、イスラーム科学は影響を与えたことになる。

4　さいごに

以上、アッバース朝期以降のイスラーム科学の展開を、主にイスラーム布教との関わりで考察した。一般的に科学と宗教は相反するものとして扱われることが多い。しかし、アッバース朝下で花開いたギリシア科学研究の伝統は、まさにイスラーム布教に引っ張られる形で始まった。さらに、布教に際して論理的な議論が必要だったことからギリシア科学は注目されたために、学者たちはその内容を権威化せず、論理整合性を高める方向で再検討し、権威を乗り越え独自の科学研究を展開することになった。科学と宗教が独特の形で共鳴し合うことで、イスラーム科学は最先端の科学として長期にわたって発展したといえる。

注

＊1　コペルニクスの業績については（高橋憲一訳、二〇一七）を参照。
＊2　アッバース朝成立の経緯については（佐藤次高、二〇〇二：一六七―一七〇）を参照。
＊3　以下の引用文は（山本啓二・矢野道雄、二〇一二：三〇一）を参照。
＊4　イスラーム科学の成果については（ダニエル・ジャカール、二〇〇六）を参照。
＊5　たしかに神学者ガザーリー（一〇五八～一一一一年）はギリシアの学問の不敬性を糾弾していた。イスラーム文化圏における神学と哲学との間の論争に関しては（オリヴァー・リーマン、二〇〇二）を参照。
＊6　アッバース朝における翻訳活動については（ディミトリ・グタス、二〇〇二）を参照。
＊7　以下の引用文は（Aydın Sayılı　1955）に収録されているアラビア語テクストによる。
＊8　ゾロアスター教については（メアリー・ボイス、二〇一〇）を参照。
＊9　カーシム『不敬者論駁』については（Binyamin Abrahamov　1990）を参照。
＊10　論証については（山口義久、二〇〇一）を参照。
＊11　キンディーの業績については、（Peter Adamson 2006）参照。

＊12　『神の一性と世界の有限性についての書簡』は（Roshdi Rashed & Jean Jolivet　1998 : vol. 2, 135-155）に収録されている。

＊13　『事物の有限性についての書簡』は（Roshdi Rashed & Jean Jolivet　1998 : vol. 2, 159-165）に収録されている。

＊14　タバリーの生涯とその著作については（Max Meyerhof　1931）を参照。

＊15　ガレノスの生涯と業績については（スーザン・マターン、二〇一七）を参照。

＊16　以下の引用文は（P. De Lacy　1978-1984 : vol. 1, 232）のギリシア語テクストによる。

＊17　ラーズィーの経歴については、（A. Z. Iskandar　1975）を参照。

＊18　以下の引用文は（Mehdi Mohaghegh　1993 : 1）のアラビア語テクストによる。

＊19　以下の引用文は（Mehdi Mohaghegh　1993 : 4-5）のアラビア語テクストによる。

＊20　イブン・ナフィースの生涯と業績については（Nahyan Fancy　2015）を参照。

＊21　イブン・ハイサムの生涯と業績については（Abdelhamid I. Sabra　1998a）を参照。

＊22　「ハイアの学」に関しては（Abdelhamid I. Sabra　1998b）を参照。

＊23　本作品はオックスフォード・ボードリアン図書館所蔵の一写本（MS Arch Seld. A.32）のみで伝えられており、未校訂である。現在、私がその校訂と英訳を進めている。

＊24　本作品に関しては（Jamil Ragep　2004）を参照。

＊25　トゥースィーたちの成果とコペルニクスとの接続に関しては、（Robert Morrison　2014）を参照。

参照文献

Binyamin Abrahamov (1990) *Al-Kasim b. Ibrahim on the Proof of God's Existence*, Brill.

Peter Adamson (2006) *Al-Kindi*, Oxford University Press.

メアリー・ボイス『ゾロアスター教 三五〇〇年の歴史』山本由美子訳、講談社学術文庫、二〇一〇年

ディミトリ・グタス『ギリシア思想とアラビア文化——初期アッバース朝の翻訳運動』山本啓二訳、勁草書房、二〇〇二年

Nahyan Fancy (2015) *Science and Religion in Mamluk Egypt: Ibn al-Nafis, Pulmonary Transit and Bodily Resurrection*, Routledge.

A. Z. Iskandar (1975) The Medical Bibliography of Al-Razi, G. F. Hourani ed., *Essays on Islamic Philosophy and Science*, State University of New York Press, pp. 41-46.

ダニエル・ジャカール『アラビア科学の歴史』遠藤ゆかり訳、吉村作治監修「知の再発見」双書、創元社、二〇〇六年

P. De Lacy (1978-1984) *On the Doctrines of Hippocrates and Plato*, 3 vols, Akademie-Verlag.

オリヴァー・リーマン『イスラム哲学への扉』中村廣治郎訳、ちくま学芸文庫、二〇〇二年

スーザン・マターン『ガレノス　西洋医学を支配したローマ帝国の医師』澤井直訳、白水社、二〇一七年

Max Meyerhof (1931) Ali at-Tabari's "Paradise of Wisdom", *Isis* 16: 5-54.

Mehdi Mohaghegh (1993) *Kitab shukuk 'ala Jalinus*, International Institute of Islamic Thought and Civilization.

Robert Morrison (2014) A Scholarly Intermediary Between the Ottoman Empire and Renaissance Europe, *Isis* 105: 32-57.

Jamil Ragep (2004) Ibn al-Haytham and Eudoxus: The Revival of Homocentric Modeling in Islam, Charles Burnett, Jan P. Hogendijk, Kim Plofker, and Michio Yano eds., *Studies in the History of the Exact Sciences in Honour of David Pingree*, Brill, pp. 786-809.

Roshdi Rashed and Jean Jolivet (1998) *Oeuvres philosophiques et scientifiques d'al-Kindi*, 2 vols, Brill.

Abdelhamid I. Sabra (1998a) One Ibn al-Haytham or Two?, *Zeitschrift fur Geschichte der arabischenislamischen Wissenschaften* 12: 1-51.
Abdelhamid I. Sabra (1998b) Configuring the Universe: Aporetic, Problem Solving, and Kinematic Modeling as Themes of Arabic Astronomy, *Perspectives on Science* 6: 288-330.
佐藤次高『新版 世界各国史８ 西アジア史１：アラブ』山川出版社、二〇〇二年
Aydın Saylı (1955) The Introductory Section of Habash's Astronomical Tables known as the "Damascene" *Zij*, *Dil ve Tarih-Cografya Fakultesi dergisi* 13: 133-151.
高橋憲一訳・解説『完訳 天球回転論　コペルニクス天文学集成』みすず書房、二〇一七年
山口義久『アリストテレス入門』ちくま新書、二〇〇一年
山本啓二・矢野道雄「アブー・ライハーン・ムハンマド・イブン・アフマド・アルビールーニー著『占星術教程の書』（２）」『イスラーム世界研究』第五巻一－二号二九九－三五六頁、二〇一二年

おすすめの本

1. 井筒俊彦『意識と本質』（岩波文庫）一九九一年

井筒は、「意識と本質」とは何かという普遍的で根源的な問題に関する広範囲にわたる多言語資料を読み解くことで、古代ギリシアから、キリスト教世界、ユダヤ教、ヒンドゥー教、イスラーム、さらには中国も含めた、全世界的な諸宗教・哲学言説を見通し、まったく新しい比較宗教学、思想史を提示する。本書は決してやさしくはないが、学問とは、かくも深く難しいことを思い知らせてくれる一方で、一人の学者がこのような学識を備えることができるのかという驚嘆も与えてくれる稀有な書といえる。私がイスラームに根本的な興味を持つきっかけになった書であり、個人的な思い入れもあいまって推薦する次第である。

2．大室幹雄『滑稽――古代中国の異人たち』（岩波現代文庫）二〇〇一年

大室は、本書で、漢文資料を縦横に駆使して、古代中国において宮廷に参与していた人物たちがいかなる言説を駆使して宮廷で生き残り、その生活の糧を得ていたのかをつぶさに描き、古代中国の独自性を明らかにしている。事実の羅列による歴史叙述は無味乾燥になりがちである。しかし、著者は、古代の資料とはいえ、それを深く読み解くことで当時の人物たちの生きる姿を描き出すことに成功しており、歴史叙述の面白さと新たな可能性を提示するゆえに本書を推薦する次第である。

第2部　アジアからのメッセージ——こころの深層を巡って

第6章　宗教と科学の融和と拒絶

正木　晃

科学と宗教は真理探究の方法がまったく異なる。近代科学が一七世紀の科学革命を経て成立する直前の一六世紀、科学と宗教（キリスト教）はもっとも激しく対立。その後、カトリックもプロテスタントも科学と融和する道を選び、社会全体の近代化に成功した。融和を正当化する神学上の論理は科学と宗教の棲み分け、ないし任務分担である。日本では科学と宗教の対立はほぼ生ぜず、現在ではむしろ宗教が科学に媚びる傾向が指摘できる。その理由は？

【教行信証（きょうぎょうしんしょう）】

仏教の真理把握の構造。教え→実践→信仰→悟り（真理＝最終成果）という順序は、科学的な真理把握とは大きく異なる。また浄土真宗の開祖、親鸞の主著のタイトルでもある。

【「神と自然に関するわれわれの知識」】

ニュートンの『プリンキピア』公刊三〇〇年を記念し、ローマ教皇ヨハネ・パウロ二世の呼びかけにより実現した国際会議（一九八七年）。現代における科学と宗教の関係を論じた最大級の成果。

【プリンキピア】

『自然哲学の数学的諸原理』。アイザック・ニュートンが一六八七年に刊行した著作。運動の法則を数学的に論じ、天体の運動や万有引力の法則を記述する。

【パウル・ティリッヒ（一八八六〜一九六五）】

スイスのカール・バルトとともに二〇世紀のプロテスタント神学を代表するドイツの神学者。聖書を絶対基準として真理を探究する神学＝組織神学を構築した。

1　科学と向き合う宗教

仏教と科学の関係

仏教に限らず、宗教と科学はとかく対立する関係にあると考えられがちである。西欧の場合をあげれば、一七世紀の後半から一八世紀にかけて大流行した啓蒙主義が、その典型であろう。

啓蒙主義は、すべての人間には共通する理性がそなわっているとみなしたうえで、その理性を駆使すれば、全宇宙をつらぬく根本的な法則を、理解できると主張した。それを実現させる具体的な方法論が自然科学であり、理性に基づく認識がそのまま科学的な研究に結び付くと考えたのだ。

結果的に、宗教と科学は両立しがたくなってしまった。あるいは、科学をこころざす者の多くは、宗教に対して否定的な立場をとるようになってしまった。この傾向はその後も引き続き、今もなお強い影響力を保っている。

極端な単純化を許していただくなら、それまで神が占めていた地位を、科学が奪い取ったのである。すなわち、この世における価値は、科学を頂点として、再構築された。科学的＝真理という方程式の誕生にほかならない。

このことは、現代の日本でもまったく変わらない。科学的であることが最高の価値を持っている。何か問題が生じたとき、その判断を科学にゆだねて、何の疑問も感じない。

そのあげく、仏教の領域でも、非常におかしなことが起こっている。仏教上の課題を、科学によって証明してもらうことによって、その課題の有効性や妥当性が決められるようになってしまっているのである。

具体的な例をあげよう。禅宗や密教など、瞑想修行を行う宗派で、ときおり見られることだ。瞑想者の脳波を科学的に測定してもらい、そこに通常とは明らかに異なる、顕著な兆候が見出されたとしよう。すると、瞑想の有効性が科学的に証明されたと喜ぶのである。

私に言わせれば、じつにばかげたことだ。なぜなら、仏教が科学にお墨付きをもらって喜ぶということは、仏教の上位に科学があることを認めてしまうことにほかならないからだ。つまり、仏教が科学に膝を屈しているのである。科学に認めてもらったから正しいという理屈は、仏教にとって屈辱以外の何ものでもないはずなのに、である。

ようするに、仏教が科学と矛盾するとか矛盾しないとか、ことさらにあげつらう必要はない。したがって、あえて仏教は科学と矛盾しないからすばらしい！　と主張するのは、仏教にとって無益な行為である。しかし、日本を代表する仏教学者の中にも、ことの本質を自覚できず、この種の発言をしてしまう例がまま見られる。

また、こんなことをしていると、いつしか手段が目的と化しかねない。先ほどの瞑想時における脳波測定の件でも、脳波に通常とは異なる状態が観測されたところで、その瞑想が仏教の求める境地に直結しているかどうかはわからない。しかし、人は往々にしてそのあたりを取り違えてしまいがちだ。そして、悟りの境地を求めて瞑想するのではなく、脳波に通常とは異なる状態が観測されることを求めて、瞑想するようになる。まさに本末転倒もいいところだ。

さらに悪くすると、仏教と科学のみだらな癒着が生じる。その最悪の事例を、私たちはオウム真理教に見たはずだ。彼らは、究極の境地を体験させると称し、ルドラ・チャクリンのイニシエーションと呼ばれる修行において、ＬＳＤと覚醒剤を混ぜ合わせた薬剤を信者に飲ませた。こうして尋常ならざる心身状態を作り出しておいて、データと呼ばれる麻原教祖の言辞を脳に刻みつけ、教祖のために、いかなる命令も躊躇なく実行する戦士に仕立てようとしていたのである。

ちなみに、このとき、データが間違いなく入ったか否かを確認するために、自白剤の作用を持つと信じて、チオペンタールという麻酔作用のある薬剤を使用していた。実際には、チオペンタールに自白剤の作用はないので、無駄だったはずだが……。

キリスト教の場合①――ヨハネ・パウロ二世

この問題は、むろんどの宗教にも通じる。しかし、啓蒙主義の洗礼を浴びてきたキリスト教ほど、この問題にまっこうから取り組んでいた宗教はない。そこで、現代キリスト教が、この問題にどう対処しているか、見てみよう。

最初の事例は、先々代のローマ教皇、ヨハネ・パウロ二世（一九二〇～二〇〇五）の見解である。この見解は、近代科学の基盤をきずいたニュートンの『プリンキピア』公刊三〇〇年を記念して、一九八七年に、ヨハネ・パウロ二世の呼びかけにより実現した国際会議「神と自然に関するわれわれの知識」の成果が出版（柳瀬睦男監訳『宇宙理解の統一をめざして』南窓社、一九九二年）されたとき、その序文として寄稿されたものだ。

全体はかなり長いので、もっとも重要と思われる箇所を以下に引用する。

私たちは自分たち自身に、科学と宗教の両者が人間の文化の統合に貢献するのか、あるいはその文化の分断化に貢献するのかどうかを、尋ねなければなりません。

……

私たちの求める統一は、同一化ではありません。教会は科学が、宗教あるいは宗教的科学となるべきだと主張しているのではありません。その反対に、統一は常にその諸要素の多様性と統合を前提とします。

……

一層明確に言えば、宗教と科学の両者は自分たちの自律性とそれぞれの差異を保たねばなりません。宗教は科学に基盤を置くものではなく、また科学は宗教の拡張でもありません。各々はその固有の原理、特定の手法、解釈の多様性および固有の結論を持つべきです。キリスト教はそれ自体のうちにその正当化の源を持っており、科学にキリスト教の第一の護教論を築くよう期待してはいません。

……

神学と科学のあいだのダイナミックな関係のみが、互いの学問の統合を支えるこれらの限界を示すことができ、そこで神学は擬似科学を名乗らないし、科学は無意識の神学とはならないのです。

（柳田敏洋訳）

こう指摘したうえで、ヨハネ・パウロ二世は、「神学者たちは、十分に認められた諸理論が提供するその資料群を正しく創造的に使用するため、科学に十二分に精通しているべきで」あるとともに、「神学者たちが、宇宙論における『ビッグ・バン』の場合のように最近の理論を護教論的目的のために無批判にあまりに軽率に用いること」に、きびしく釘をさしている。

ちなみに、ヨハネ・パウロ二世が危惧している「ビッグ・バン」の「護教論的目的……」とは、具体的な例をあげれば、こういうことだ。

スティーヴン・ウィリアム・ホーキングが、一九八八年に出版されて大ベストセラーになった『A BRIEF HISTORY OF TIME（邦訳：ホーキング、宇宙を語る）』の中で、「完全な理論を見出せれば、人間の理性の究極の勝利となるであろう。そのとき我々は神の心を知るのだから」という趣旨の発言をしたとき、神学者たちの中に、神の存在を肯定していると解釈し、ホーキングとその主張を礼賛する者が現れた。

ところが、ホーキングが、二〇一〇年に『The Grand Design（邦訳：ホーキング、宇宙と人間を語る）』において、最新の研究成果に基づき、偶然の一致に見える現象は「創造主なしで説明は可能」であり、「宇宙誕生に神は不要」と主張すると、神学者の中から、この主張は神の存在を否定していると解釈し、ホーキングとその主張を批判する者が現れた。

こんなぐあいに、そのときどきの科学理論に対し、宗教者として、過敏というか、過剰というか、とにかくいちいち反応し、その結果、一喜一憂していると、ろくなことはないとヨハネ・パウロ二世は警告したのだ。

キリスト教の場合②――パウル・ティリッヒ

ヨハネ・パウロ二世の発言はまことに的確である。これくらい、宗教と科学の関係について、明晰かつ端的に語られた言葉は稀と言える。ヨハネ・パウロ二世が指摘するとおり、宗教と科学は別の領域に属しているのであって、一方が他方に対して介入することはできない。

つぎに、二〇世紀のプロテスタント神学を代表するパウル・ティリッヒ（一八八六～一九六五）の見解をご紹介したい。以下は、ティリッヒの代表作の一つに数えられる『信仰の本質と動態』（谷口美智雄訳、新教新書、二〇〇〇年）からの引用である。これもかなり長いので、肝心なところを選んで、引用する。

自然科学説の真理性は、実在の構造的法則の記述の適切性であり、また実験的反復による記述の検証性である。自然科学的真理は、実在の把握においても、表現の適切性においても、すべて暫定的であり、変更可能である。

……

だから、もし神学者が自然科学的命題の暫定的性格を指摘することによって、信仰の真理に逃避場所を供しえたと考えるならば、それは科学の真理にたいする信仰の真理の極めて怪しげな防御法である。というのは、もし明日の科学の進歩が、不確実性の範囲を狭めるならば、信仰はさらにそれだけ退却しなければならないからである。そのようなことはまことに面目ないことであり、また無駄なことである。というのは、科学的真理と信仰の真理とは次元を異にしているからである。科学は信仰に干渉する権利も力ももっていないし、信仰は科学を侵害する権利も力ももっていない。

（『信仰の本質と動態』一〇二ページ）

ティリッヒは、ヨハネ・パウロ二世よりも、もう少し具体的で、もっと辛辣だ。しかし、言わんとしているところは、カトリックとプロテスタントという違いを超えて、完全に一致している。

キリスト教の危惧

ただし、ヨハネ・パウロ二世やティリッヒの見解には、以下のような事情が背景にあることも考えておく必要がある。というのも、現代宇宙論では、ビッグ・バンのように創造者なき無からの有の創造や、宇宙が複数、しかも多元的に存在する可能性が盛んに取り沙汰されていて、キリスト教に代表されるセム系一神教の教義では対応しきれなくなっているという現実があるからだ。

ヨハネ・パウロ二世やティリッヒが主張するように、もともと宗教と科学はそれぞれ固有の基盤と自律性を持つべきであり、互いに干渉し合わないほうがいいというのは、たしかにそのとおりである。しかしながら、科学的な成果と宗教的な見解とのあいだにあまりに大きなギャップが見出されてしまうと、科学に対する信頼感が、宗教に対する信頼感よりも、ともすれば大きくなりがちな現代社会では、宗教のほうが一方的に不利になりかねない。その点を見越して、ヨハネ・パウロ二世やティリッヒが、あらかじめ予防線を張っておいたと勘ぐれなくもない。

この件については、傍証がある。前述のホーキングが、著書の『ホーキング、宇宙を語る』の中で、こんなエピソードを語っている。それは一九八一年にヴァチカンで催された宇宙会議の席上で起こった事件だ。

ヨハネ・パウロ二世に謁見たまわったホーキングに、教皇はこうおっしゃったそうである。「ビッグ・バン以降の宇宙の進化について研究するのは大いにけっこうだが、ビッグ・バンそのものは研究してはならない。なぜなら、ビッグ・バンは創造の瞬間であり、ゆえに神の御業なのだから……」。

じつはこの法王の言葉は、間違っているようだ。なぜなら、ホーキングの理論によれば、時空は有限であるが境界を持たないからである。時空は有限であるが境界を持たないということは、言い換えれば時空に始まりというものがないことを意味していて、したがって創造の瞬間などというものもなく、当然ながら創造主、つまり神という存在も想定する余地がないからだ。

こうなると、法王の危惧は単なる危惧ではなく、現実にキリスト教の危機以外の何ものでもなくなってしまう。

逆に、一九九六年、ヒンドゥー教の聖者、ジュニャーナネーシュヴァラ没後七〇〇年を記念して、インドのプネー（プーナ）で開催された国際会議では、主催者側のインド人学者たちのあいだでは、自分たちが長らく育んできたヒンドゥー教神学が、最新の宇宙論に合致し、かつ貢献し得るとして、快哉の声が高かったと聞く。

日本でも、宇宙論とかぎらず、少しでも現代科学の成果と一致しそうな話題があると、まるで鬼の首でも取ったかのごとく、おおげさに騒ぎ立てる傾向が見られる。例えば、華厳経が説く三千大千世界（さんぜんだいせんせかい）という発想は、多元的な宇宙論の極致ともいうべき考え方で、なるほど大きな魅力を持っている。極微と極大が交叉し、一と多が交錯する多元的な宇宙論は、ほかには容易に見出しがたいものだ。そこには、セム系一神教みたいに、何が何でも唯一の神に固執して、宇宙も唯一と主張してゆずらない宗教からはとうてい出てこない、発想のやわらかさがある。

でも、だからといって、現代科学によって華厳経の記述の正しさが証明された、とぬかよろこびされては困る。それでは自己満足の域をまったく出ない。

インドや日本で生じがちなこの種の反応は、かつてあった――あるいは今でも一部に根強くある――、「西洋の物質中心の時代は終わった。これからは東洋の精神中心の時代だ！」といった、能天気な発想と軌を一にしている。ひょっとしたら、ここ三〇〇年間、世界をリードしてきた西欧キリスト教世界に対するコンプレックスがなせるわざなのかもしれない。

教行信証

私は自分の講座で宗教について語るとき、「教行信証」という言葉をよく使う。なぜなら、この言葉くらい、より正確にはこの言葉の並び順くらい、宗教の本質をあらわにする例はほかにないと考えているからだ。

日本の伝統仏教界では、「教行信証」というと、浄土真宗の開祖として知られる親鸞の主著『顕浄土真実教行証文類』、略して『教行信証』を指している場合が多いが、もともとは「教え」と「実践」と「信仰」と「悟り」を意味していた。つまり、正しい教えに従って、正しい修行を実践し、正しい信仰を保ち続けていけば、悟りが得られるという意味であった。

このように、「教行信証」という場合、「証」は「証明」ではなく、「悟り」を意味している。では、なぜ、「証」が「悟り」を意味することになるのかというと、「悟り」とは究極の智恵によって証明された結果にほかならないからという理屈である。ということは、「証」にはやはり「証明」という意味が含まれていることになる。

この点をふまえたうえで考えるとき、もっとも重要なのは、教↓行↓信↓証という順番だ。とりわけ、信↓証という順番がとても重要だ。なぜなら、この順番は、いわゆる科学的な思考の順番とは、まるで逆になっているからである。

科学では、証明されたら信じよう、である。言い換えれば、証明されなければ、信じるに足らない。現代では、科学にとどまらず、日常生活のほとんどの分野を、証明されたら信じようという発想が支配している。

でも、宗教は違う。信じるからこそ、証明がある。このことは、洋の東西を問わない。

また仏教にかぎらず、宗教一般が育んできた思考の方法は、原理的に救済論という特殊なパラダイムのもとに成り立っているのであって、客観性や再現性をその本質とする科学的な思考とは明らかに異なっている。

現代人が宗教に対して、どこかうさん臭いと感じがちな原因は、おそらくこのあたりにある。なにしろ、現代社会では科学的な思考方法こそ最高の思考方法とかたく信じられているのだから、当然の帰結というしかない。

しかし、科学は万能ではない。科学にも、できることとできないことがある。少なくとも、まっとうな科学者はそう認識している。その「できないこと」のかなり大きな部分をになうのが宗教だと私は考えている。

2　新たな課題の登場

科学がもたらす宗教の変容

その一方で、科学が宗教に変容をよぎなくさせる時代が来ていることも、確かだ。私は一時期、「宇宙法」、つまり宇宙空間の開発にまつわる法体系の検討にかかわっていた経歴があるので、この領域に焦点を当てて、「科学がもたらす宗教の変容」について、考えてみたいと思う。

宇宙開発がすすみ、人間が宇宙ステーションで長期にわたって滞在できるようになったとき、今まで誰も想像しなかったような、新たな課題が宗教に課せられた。

実例をあげよう。イスラム教で起こった事態である。イスラム教の飛行士が宇宙空間を飛行する際、どちらの方向に向かって礼拝すべきかが、論議の的となった。

ご存じのとおり、地上では、メッカのカーバ神殿の方向に向かって礼拝する。しかし、宇宙空間を飛行する物体からは、メッカの位置は絶えず動き続けることになる。メッカが地球の裏側に位置してしまうこともある。そうなると、どの方向に礼拝したら良いのか、定めがたくなってしまう。

この課題は、イスラム法学者たちが検討した結果、「神は宇宙空間に遍在するがゆえに、どちらの方向に礼拝してもよい」という説が採用されて、一件落着した。このいきさつは、宇宙開発が実現しなければ、起こり得ない事態であり、既存の宗教的概念に衝撃を与えた格好の事例にほかならない。

以下では、具体例に「地球外知的生命体の存在可能性がもたらす宗教的概念の変容」を選んで、検討してみよう。

ETとキリスト教神学

「地球外知的生命体」はExtra Terrestrial、略してETと呼ばれる。現代の日本では、ETの存在がまじめに論じられる機会は非常に稀で、大概はいわゆる際物のネタにすぎない。また、宗教の重さをさして感じることはないので、ETに関しても気楽にかまえていられる。しかし、創造主の存在を絶対の前提とするキリスト教の力が、依然としてあなどれないヨーロッパでは、ETの問題はそのまま神学上の重要課題となりえる。

聖書には、神がこの宇宙を創造し、人間を神の姿に似せて造ったとはあるものの、どこを捜しても、ETに関する記述は見出せない。したがって、もし仮に、ETが存在するとなると、聖書の権威にかかわりかねない問題が起こる。さらに、ETが人間を超えた能力を持ち合わせていることが判明した場合、そのETと神の関係が問題になってくる。まかり間違っても、神＝ETなどという図式は、キリスト教では許されない。それは唯一絶対の超越神を構想するセム系一神教では、致命的な誤謬となるからだ。

宇宙開発の領域が大きく広がり、ETの存在の是非が、現実的な学問研究の対象となってきた昨今、キリスト教では、この神とETとの関係をまじめに論ずることが行われ始めている。現に、一九八五年にスウェーデンの首都、ストックホルムで開催されたIAF（国際宇宙航行連盟）のCETI（Communication with ET of Intelligence　知的地球外生命体との接触と探査）会議の席上、プロテスタントに属するストックホルムのビショップ（監督）、スタンダール師が「ETの可能性に対する神学的反応」と題する論文を発表している。

この論文の要旨は、こうである。

①まず、第一義的に、キリスト教の神学者にとっては、神は世界より、また存在する何者よりも偉大なのだという公理が重要である。

②したがって、たとえＥＴとその文化が存在するとしても、神は生物としてのＥＴの限界を超えた偉大な存在であることは明白である。

③また、仮に、ＥＴの存在が確認されたとしても、現在までの歴史がすべてＥＴに帰されたり、ＥＴが神の代理者となるという旨の主張は、行われるべきではない。

④神学者は、自分たちの思考の限界まで、一貫して論理性に基づいて事物を証明していき、論理性の途切れる彼方に、神を見るからである。

⑤このプロセスは、いかに科学的で技術的な文明であっても、同様であると考える。

⑥それゆえ、ＥＴの存在は、神の存在と、両立しないわけではない。

これが結論だ。

この論法は、私たちのような門外漢には、かなり疎遠に感じられるが、宗教者がまっこうからＥＴ問題に取り組んでいる姿勢には、学ぶべきところが多々ある。

また、アメリカは一九六〇年代の初頭から、電波望遠鏡を使ってＥＴの発信する信号をキャッチしようというオズマ計画を発足させた。旧ソビエト（ロシア）もほぼ同じ頃から、ＥＴとのコンタクトの可能性を模索する方向を打ち出した。これらは、いずれも高い知性を有するＥＴの探索をめざしている。

残念ながら、ともにいまだ成功を見てはいないが、それはETが存在していないことを意味するわけではない。その理由は、こうである。

もし仮に、一万光年かなたの星に、高度な文明を維持し、何らかの手段によって信号を発信しうるETがいたとしても、その星から地球に信号が届くには一万年かかる。逆に、地球からその星に向かって信号を送っても、信号が届くまで一万年かかる。つまり、どちらも信号を受信し、ただちに受信した旨の信号を送り返したとしても、信号が行って帰ってくるのに、二万年もかかってしまう。ところで、人類が電波のような信号を手にしてから、まだ一〇〇年とたっていない。電波望遠鏡による探索は、始まってまだ半世紀くらいにすぎない。宇宙空間は一〇〇億光年よりずっと向こうまで広がっているのだから、ETがいたとしても、現時点で見つかるほうが不思議なくらいだ。

ET探査は人類の未来探し

ETの存在の有無について、アメリカのET探索計画を長年にわたりリードしてきたフランク・ドレイクは、「ドレイクの方程式」という数式を立てている。この方程式をめぐっては、すでに国際会議が開かれて、その席上、各国の研究者たちが、高度な知性を有するETは存在するのか、もし存在するとすれば、ETの住む星の数はどのくらいか、を討議した。結論だけ言えば、最大値で一〇〇万個、最低値は一個だった。一個ということは、私たちの住む地球のほかには、高度な知性を有する生命体は宇宙には存在しないという意味である。

「ドレイクの方程式」の解が一から一〇〇万と、途方もないほど差が出てしまうのは、主に高度な文明、より正確に言えば、高度な技術文明の寿命をどの程度の長さに想定するか、が明らかでないからだ。もし、技術文明が概して短い寿命しか持ちえないとすると、私たちは宇宙の孤児ということになる。このあたりが、ET探しが、技術文明に立脚せざるをえない地球人類の未来を探すことなのだ、と言われる理由でもある。

ともあれ、現在の段階でETが存在しないと結論を下すのは、時期尚早と評するしかない。そこで、宇宙空間を研究対象とするさまざまな学者たちのあいだから、ETが存在するという前提のもとに、人類の行動規範を策定しようといった意見が出ている。そうしておかないと、ETと最初のコンタクトが生じた場合、あわてふためくことになりかねず、たとえコンタクトが不可能にしても、人類以外の知的生命体が、いや知的でなくてもとにかく生命体が宇宙空間に存在するとなれば、人類は宇宙空間で自分たちの利益のみを追求して勝手な行動をとることに、おのずと制約が課されることになるためだ。一例をあげると、多くの宇宙飛行士が参加している宇宙探検家協会では、宇宙飛行士は人類の代表として、それにふさわしい行動をとらなければならないと定めている。

さらに、日本では、難しいうえに、堅くて歯が立たないと思われている法律の世界でも、ETの存在を前提とする新たな法体系の構築をめざす動きが見られる。もちろん、日本の話ではない。この領域でも先鞭を付けたのは、やはりアメリカであった。宇宙空間を対象領域とする法体系が宇宙法、やがて人類が宇宙空間に進出したあかつきに、宇宙空間で生まれた世代をも取り込むかたちの法体系が「アストロ・ロー（宇宙司法）」、そしてETの存在を前提とする法体系が「メタ・ロー（超普遍法）」だ。「メタ・ロー」の構築には、それこそ人類の叡知を総動員しなければならない。いわゆる法律の知識だけでは、どうにもならないのは、目に見えている。人類の歴史上の遺産ことごとく、わけても宗教的叡知のレヴェルまで必要となるはずだ。

この分野の研究に、アメリカもロシアも、人材と予算を投じてきた。その研究グループには、宇宙技術者や法律家はむろん、歴史家、心理学者、医学者、美術史家、宗教学者、人類学者など、ありとあらゆる学問分野のエリートたちが加わっている。仮に、これからもETの存在が確認できないとしても、この「メタ・ロー」構築のための研究から、人類の新しい価値体系とそれに基づく行動規範が誕生してくるという副産物が期待できるからである。

この点でも、地球外知的生命体の存在が、既存の宗教的概念に変容を迫る可能性は否定できないと言っていい。

参照文献

佐々木閑『科学するブッダ──犀の角たち』角川ソフィア文庫、二〇一三年

定方晟『インド宇宙論大全』春秋社、二〇一一年

立川武蔵『聖なるもの俗なるもの　ブッディスト・セオロジー1』講談社選書メチエ、二〇〇六年

同　『マンダラという世界　ブッディスト・セオロジー2』講談社選書メチエ、二〇〇六年

同　『仏とは何か　ブッディスト・セオロジー3』講談社選書メチエ、二〇〇七年

同　『空の実践　ブッディスト・セオロジー4』講談社選書メチエ、二〇〇七年

同　　　『ヨーガと浄土ブッディスト・セオロジー5』講談社選書メチエ、二〇〇八年
龍澤邦彦『宇宙法システム——宇宙開発のための法制度』丸善プラネット、二〇〇〇年
パルヴェーズ・フッドボーイ『イスラームと科学』植木不等式訳、勁草書房、二〇一二年
ディートリヒ・ボンヘッファー『現代キリスト教倫理』森野善右衛門訳、新教出版社、一九七八年
正木晃『再興！日本仏教』春秋社、二〇一六年

第7章　原始仏教における知と信

植木雅俊

インド人は、物事や現象自体よりも、その背後にある普遍性を重視する。よく言えば哲学的、宗教的、詩的民族である。しかし、悪くすると迷信的・呪術的傾向に陥りやすい。バラモン教は、宿業を説いてカースト制度を正当化し、火の儀式（護摩）や沐浴による悪業の浄化を説くなど迷信に満ちていた。仏教はそうした迷信や呪術を徹底的に批判し、ありのままに物事を見ることを通して普遍的真理（法）と真の自己に目覚めることを強調した。

【三千塵点劫】

三千大千世界＝千の三乗個の世界（≒一〇億個の太陽系＝銀河系の一％）を構成する原子（塵）の数（一〇の六四乗個）を用いて表現される天文学的時間（拙著『思想としての法華経』参照）。

【如実知見】

ブッダに説得されて、火の行者が「私は、ありのままの真実に即した道理を根源的に省察しました」と語ったように、ありのままに見ること（如実知見）をブッダは重視した。

【三証＝文証・理証・現証】

仏教では盲目的信は説かれなかった。①文献があるか（文証）、②道理に適っているか（理証）、③現実に適っているか（現証）――の三つをふまえて初めて信が成り立つ。

1　古代インドに現れた物理学

私の肩書は「仏教思想研究家」で通している。仏教と言うと、信仰として捉えられがちだが、最初期の原始仏教を見ていると、思想と言ったほうが適切であり、信仰として捉えてしまうと、大事なことが随分と抜け落ちてしまうと思っているからだ。

学生時代は、大学院まで物理学を学んでいた。大学に入学して、学生運動家たちに議論を吹っ掛けられ、「だから何なんだ」「何も考えていないんじゃないの」と詰め寄られ、丸暗記ばかりで、自分で考えていないことを思い知らされて自信喪失し、自己嫌悪からさらに鬱（うつ）状態に陥った。その頃、澤瀉久敬（おもだかひさゆき）著『「自分で考える」ということ』（角川文庫）という本を読んだ。その中に、自分で考えた人の代表として、デカルトと釈尊があげてあった。フランス哲学を専門とする著者がデカルトをあげるのは理解できるが、釈尊をあげていたのには驚いた。その意外さから仏教に興味を持った。

その中でも特に東京大学教授（当時）で仏教学者の中村元（はじめ）博士の原始仏教についての著訳書を読んで、仏教がめざしたことは、真の自己と法（真理）に目覚めることであったことを知って、自己嫌悪を乗り越えることができた。それ以来、仏教学に関心を持ち、独学で学び始めた。「物理学科なのに何で仏教学なの？」とよく聞かれた。あるとき、思い付きで「僕にとって物理学のブツは、〝物〟ではなく〝仏〟と書くんだ」と答えた。それが受けたので、それ以後、そのように答えてきた。

社会人になってからも、仏教学を独学で学び続けていた。三〇代後半になって独学の限界に直面するとともに、サンスクリット語を学ぶ必要性を痛感するようになった。その矢先に、中村元先生との出会いがあって、中村先生の講義に毎週三時間参加することになった。サンスクリット語を学ぶ機会も得ることができた。その中村先生の指示で、お茶の水女子大学で人文科学博士の学位を取得した。その論文執筆でインドの原典を引用する際には、サンスクリット語、パーリ語の原典がある文献はすべて自分で翻訳して引用した。『法華経（ほけきょう）』もサンスクリット語から自分で翻訳した。その訳を岩波文庫の『法華経』と逐一突き合わせてみた。その結果、岩本裕（ゆたか）氏（一九一〇〜一九八八）によるサンスクリット語からの現代語訳に四八九個所の問題訳があった。筑波大学名誉教授の三枝充悳（さいぐさみつよし）先生（一九二三〜二〇一〇）に相談すると、「自分で納得のいく訳を出しなさい」と激励された。こうして、全文を自分で翻訳して二〇〇八年に『梵漢和対照・現代語訳　法華経』上・下巻（岩波書店）を出版した。

インド人の壮大な時空観

『法華経』を翻訳していて、物理学科出身であったことが役立つことがあった。そこには、原子論や壮大な時間論や宇宙観が反映されていて驚いた。

『法華経』などに三千大千世界という壮大な宇宙が出てくる。その最小の単位である一個の世界は、横にはスメール山（須弥山（しゅみせん））を中心として東西南北に四つの大陸があり、その周りを九山八海が交互に囲んでいる。縦には下は地獄界、上は六欲天から有頂天（うちょうてん）に至るまで階層的に二七層の神々の住所が連なっている。須弥山の中腹を運行する太陽と月が含まれていることから、「一世界」はほぼ太陽系に相当するとみなせる。

その「世界」を一〇〇〇個集めたものが「小千世界」、その小千世界を一〇〇〇個集めたものが「中千世界」、さらにその中千世界を一〇〇〇個集めたものが「大千世界」とされる。大千世界は、「三段階にわたって千倍した結果としての大千世界」という意味で、「三千大千世界」ともいう。数式で表せば、

$$\{(世界 \times 1000) \times 1000\} \times 1000 = 世界 \times 1000^3 = 世界 \times 1000000000$$

となる。「一〇億個の世界」ということであり、現代的には「太陽系が一〇億個集まったもの」と言えよう。われわれの住む銀河系には、約一千億個の恒星（太陽）が大集団を形成している。三千大千世界は、その一〇〇分の一の規模に相当する。このように壮大な宇宙を古代インドの仏教徒たちは、『法華経』などに記述していた。

『法華経』化城喩品（けじょうゆぼん）には、この三千大千世界の考えを用いた「三千塵点劫（さんぜんじんてんごう）」という時間の観念が出てくる。「三千」とは、三千大千世界の略で、「塵（じん）」は paramāṇu の漢訳で原子のことである。『法華経』に、「〔それ以上〕極小の部分（paramāṇu）が存在しないところの土の微塵（みじん）の粒子（pāṃsu-rajas）」（植木訳『梵漢和対照・現代語訳　法華経』上巻、四三二頁）とある。これは、「これ以上分割できないもの」を意味するアトムに対応している。原子論と言えば古代ギリシアのデモクリトスを思い浮かべるが、彼はインドを訪れたことがあり、インドとギリシアのどちらが先に原子論を提唱していたのかわからない。

現代天文学では、われわれの住む銀河系に一〇の六六乗個の原子が存在しているとされるから、三千大千世界にはその一〇〇分の一で、一〇の六四乗個の原子が存在していると言えよう。その原子を、東に向かって一〇〇〇の世界を過ぎるごとに一粒ずつ置いていって、すべてがなくなるまでに通り過ぎたすべての世界を構成する原子の数だけの劫が「三千塵点劫」だという。「劫」は kalpa の音写語「劫（こう）

波(ぱ)」の省略形だが、筆者の計算では一〇の二四乗年となる（植木雅俊・橋爪大三郎著『ほんとうの法華経』、三一〇頁）。

『法華経』寿量品(じゅりょうぼん)には、このほか「五百千万億那由他阿僧祇(なゆたあそうぎ)」（＝5×10^{86}）個の三千大千世界を構成する原子について同様の方法で示される時間の長さも出てくる。両者の比率を計算すると、後者は前者の約一〇の一七〇乗倍である（拙著『思想としての法華経』第十章参照）。

このようにマクロの壮大な宇宙と、ミクロの原子を用いて表現した悠久の時間をインド人はどうやって考えたのか不思議に思ってしまう。

『法華経』に描かれたブラックホール

さらに、『法華経』化城喩品に次の箇所が出てくる。

「すべての世界〔の間〕にあるところの中間の世界、その〔中間の世界の〕中に包まれたところの苦難の暗黒の闇夜、そこにおいては、〔中略〕月と太陽でさえも、光明によってでさえも光明を生み出すことができないでいるし、色彩によってでさえも色彩を、輝きによってでさえも輝きを生み出すことができないでいる」（植木訳『梵漢和対照・現代語訳　法華経』上巻、四四一頁）

漢訳では、次のようになっている。

「其(そ)の国の中間幽冥(ちゅうげんゆうみょう)の処(ところ)、日月(にちがつ)の威光も照らすこと能(あた)わざる所」（同、四四〇頁）

漢訳が簡略すぎるためか、多くの解説書はこの箇所については素通りしてきたようだが、サンスクリット原文に出てくる世界の中間にある「暗黒の闇夜」とは、あまりにも重力が強すぎて光が重力場を抜け出すことができないブラックホールの概念ではないか。岩波書店から出した拙訳では、注釈にそのことを書いた。私が物理学をやっていたことが、ここに多少は役立ったといえよう。

奇しくも、ブラックホールがこの宇宙に存在することを初めて理論的に指摘したのは、インド人だった。それは一九三〇年、一九歳の天才少年、S・チャンドラセカール（一九一〇〜一九九五）によってなされた。彼は、尊敬する天文学者、アーサー・エディントン（一八八二〜一九四四）に論文を送った。しかし、エディントンは、その発見を根拠なく否定した。その結果、ブラックホールの研究は四〇年近くも遅れたが、ブラックホールは今では現代天文学の最先端の研究テーマとなっている。

電波望遠鏡もX線天文学も知らない時代に、『法華経』編纂者たちはどうやってこんなことを考えついたのであろうか。それは、中村元先生が名著『インド人の思惟方法』で指摘されているように、インド人の普遍的思考方法のたまものであったに違いない。インド人は、物事を一般論化して捉えるという特徴がある。普遍性を重視するのだ。

インド人には、一つの現象を見ても、あらゆる可能性の中の一つにしかすぎないとする思考パターンがある。目の前に展開される現実よりも、その背後にある普遍性を捉えようとするため、現実にはあまり関心がないのだ。インドの古代においては歴史書が存在しない。地理書もない。歴史的な出来事が起こっても、それはあらゆる可能性の中の一つにすぎないと考えるから、歴史には関心がなかった。地理的事象についても同様である。

それは中国人や日本人とはまったく違う。中国人は『史記』などの歴史書を書き、日本人も『大鏡（おおかがみ）』『今鏡（いまかがみ）』などの鏡物（かがみもの）（歴史物語）を残した。インドの古代のことを知るには、『法顕伝（ほっけんでん）』や『大唐（だいとう）

『西域記(さいいきき)』のような中国人の残した旅行記や、ギリシア人たちが残した記録を基にするしか方法がない。中村元先生が釈尊の生存年代（前四六三～前三八三年）を割り出す際もアショーカ王と同時代のギリシアの王の在位期間をもとにして決定された。

一現象を見て、それを絶対化しないということは、エジプト人がメソポタミアに来てびっくりしたという話と比べればよくわかる。エジプト人はナイル川を見て育ち、川というものは南から北に流れるものだと思っていた。ところがチグリス・ユーフラテス川を見て、「川が北から南に流れている！」と驚いたという。エジプト人は、ナイル川という一つの〝現象〟を見て、川は南から北に流れるものだと思い込んでしまった。それがすべてだと判断した。それは執着心の一つであろう。インド人にはそういった発想はあまり見られない。

例えば、われわれが外部から情報を受け取る主要な窓口は、目と耳である。色や形、音声によって情報のやりとりがなされる。その中でも耳の働きは大きく、音声によって説かれたブッダの教えをわれわれは耳で聞く。仏弟子を意味する「声聞(しょうもん)」という言葉にもそれが表れている。われわれの住むサハー（娑婆）世界は「耳根得道(にこんとくどう)」と言われるように、仏の説いた教えの声（音声）を耳で聞くことによって覚(さと)り（道(どう)）を得ることができる国土だというのだ。

こういう言い方がなされているということは、他の国土では耳と音声以外の手段が予想されていることを意味する。人間には五感があり、情報授受の手段は色・形、音声、香り、味、感触のいずれでもいいわけだ。音声に限らないで法を説く仏があってもいいではないかという発想をインド人はする。例えば、香りによって法を説く仏がいてもいいではないかと考える。

『維摩経（ゆいまきょう）』のサンスクリット語写本が一九九九年にチベットで発見され、私はそれも現代語訳して二〇一一年に『梵漢和対照・現代語訳　維摩経』を岩波書店から出版した。その第9章には、まさに香りによって法を説く香積仏（こうしゃくぶつ）の世界が描写されていた。

このように、物事を一般化する思考方法で、現象の現れ方のいろいろな可能性を広げていって、想像をたくましくした結果、素朴な表現ではあれブラックホールの概念を考え付いたのであろう。

2　普遍性の功罪

インド人の普遍的思考

サンスクリット語を学んでいて驚いたのは、抽象名詞の多さであった。世界でもっとも抽象名詞が多い言語は、サンスクリット語と言っても過言ではない。すべての名詞、形容詞、副詞の語尾にター（tā）を付けるだけで抽象名詞になる。なぜそんなに抽象名詞が多いかというと、普遍性を重視する国民性であるからだ。

『般若経（はんにゃきょう）』や『法華経』に「諸法実相」という語が出てくる。『法華経』でその原語はdharmatāとなっている。これは、dharmaに接尾辞tāをつけた抽象名詞である。ダルマが「物事」「事物」という意味で、「法」と漢訳された。ダルマターは「法性（ほっしょう）」とも漢訳されるが、「法を法たらしめるもの」「事物を事物たらしめるもの」「物事の本性」という意味である。鳩摩羅什はこれを「諸法の実相」と訳した。dharmatāという言葉を用いるのは、「諸法」（あらゆる物事）という目に見える事物（dharma）よりも、その背後にある「実相」「事物を事物たらしめるもの」のほうに関心が高いことを意味している。こうしたインド人の物の見方が、言語表現として現れている。

例えば、私たちは「この紙は白い」と言う。英語ではThis paper is white. この表現は世界の言語のほとんどで同じである。それに対して、インド人は「この紙は白性（しろせい）を持つ」という表現を好む。サンスクリット語で「白い」という形容詞はシュクラ（śukla）だが、「白性」はその抽象名詞シュクラター（śuklatā）のことだ。「この紙は白い」と言うと、「白い」という現象を見ている。「白性を持つ」は、現象として「白」に見えるけれども、それが「白」に見えるのはその背後に現象として「白」たらしめるものがあって、その結果「白」という現象を見ていることを意味する。

ゼロの発見と巨大数

こういうものの見方があるからこそ、インド人はゼロを発見した。ゼロを数学的に定義したのは、インドの数学者ブラーマグプタ（五九八～六六八）であったが、中村先生によるとインド人がゼロを発見したのは紀元前二世紀だという。

ほとんどの民族で数は、羊が何頭というように、ものに即して認識される。ところがインド人は、目の前にあるものに囚（とら）われない。ものから離れる。一、二、三……という数を抽象化して、数自体が独り歩きする。その数をいろいろともてあそんで、三より一少ないのは二であり、二より一少ないのは一だ。では、一より一つ少ないのは何だ？　ということで、ゼロという概念が出てくる。目の前にあるものに即して数を捉えている民族からは、ゼロという概念はなかなか出てこない。

ゼロの発見に加えて、インド人は位取りという数字の表記法を発明した。一の位、十の位、百の位、千の位……といった表記の仕方を発明したことによって、一を頭に付けてゼロを次々に付けていけば、無限に巨大数ができあがる。漢数字は、一、十、百、千、万、億、兆、京（けい）、垓（がい）、秭（し）、穣（じょう）、溝（こう）、澗（かん）、正（せい）、載（さい）、極（ごく）……というように、名前があればそこまでは表現できるが、無限に名前が付けられるわけがない。それに対して、インドの数字表記法では、読み方は別にしても無限に表現ができる。

仏典にアサンクィヤ（asaṃkhya）という数が出てくる。これは漢訳仏典では阿僧祇（あそうぎ）と音写されたが、数学的には一〇の五九乗（別の学派では五六乗）のことだ。こんな巨大な数を今から二〇〇〇年前に考えていた。こんな数を日常生活のどこで使うのか。羊を数えるのに一〇の五九乗なんて必要ない。目の前にある物事に囚われないからこそ考えついたものである。

その違いは、ローマ数字と比較すればよくわかる。ローマ数字は一、五、十、五十、百、五百、千を表す、I、V、X、L、C、D、Mという記号しか存在しない。これらの記号では三九九九までしか表記できない。しかし、ものに即して数を用いるので、何ら不便は感じない。羊を四〇〇〇頭所有している人はそんなにいない。それで充分だった。ここにインド人との頭の構造がまったく違うということが理解できると思う。

これまで、いろいろな角度から具体例をあげた。インド人が目の前にある物事には囚われないで、その背後にある普遍的なものを見つめているということを理解していただけたと思う。それは、インド人がきわめて宗教的であり、哲学的であり、詩的であるということだ。

迷信・呪術・ドグマを否定した釈尊

その半面、悪くすると迷信的になりやすいということでもある。神秘主義的になりやすい。それを悪用したのがバラモン教によるカースト制度の正当化である。カースト制度を意義付けるのに、「お前の過去世の業が穢れているから、お前はシュードラ（隷民）や不可触民のチャンダーラ（旃陀羅）に生まれた」「われわれは善業を積んできたからバラモンに生まれた」というように、目に見えないところから一方的に決めつけた。

悪業を積んできたことによる穢れをなくすために沐浴を奨励した。さらにはバラモンに護摩（homa）を焚いて祈禱をやってもらって穢れをなくすようにも勧め、その代償として布施を要求した。自分たちに都合よくできている。目に見えないところでの話を持ち出されて、思考停止状態になって何ら疑問を抱くこともなく追従してしまう。それによって、バラモンとクシャトリヤたちは、宗教的にも、政治的にも支配することを正当化した。

それに対して釈尊は、迷信や、占い、ドグマを徹底的に排除した。最古層の原始仏典において、バラモンたちが行っていた呪術などを次のように明確に否定している。

〔仏教徒は、呪術的な儀式のしきたりを記した〕アタルヴァ・ヴェーダの呪法と夢占いと相の占いと星占いとを用いてはならない。鳥獣の声〔を占うこと〕、〔呪術的な〕懐妊術や医術を信奉して、従ったりしてはならない。（『スッタニパータ』）

釈尊が前世において、菩薩として多くの生き物を救ったという物語を集めた『ジャータカ』の中に、結婚が決まった若い男女の話が出てくる。喜びいっぱいにアージーヴィカ教徒に占ってもらったが、

「あなたたち二人の星の運がめでたくない」とアージーヴィカ教徒に言われた。落胆した二人を賢者（過去世における釈尊）が、励まして安心させた。

星占いが何の役に立つのでしょうか。娘をめとることこそが実に〔めでたい〕星ではないのですか。

（『ジャータカ』）

これは、星占いによって人生を左右されることの愚かさを指摘し、否定する言葉である。

あるいは、周囲の反対を押し切って「不吉」という意味のカーラカンニという名前の友人に留守中の家を守らせた豪商アナータピンディカが、その友人のおかげで財産を奪われずにすんだ話も見られる。アナータピンディカは次のように語っている。

〔人の〕名前は、単に言葉だけのことです。賢者は、それを〔判断〕基準にすることはありません。〔名前を〕聞いて吉凶を判断することはあってはなりません。私は、一緒に泥んこ遊びをした〔幼な〕友達を名前のせいで捨てることはできません。

（同）

つまり、姓名判断的な行為も否定していた。

沐浴についても、次のような批判的エピソードが原始仏典の『テーリー・ガーター』に記されている。ガンジス河でバラモンが寒さに震えながら沐浴をしていると、プンニカー尼が通りかかって、何をしているのか尋ねた。

「沐浴することによって、過去世の悪業を洗い流しているのだ」と、バラモンが答えた。その女性出家者は、次のように矛盾を突いた。

「じゃあ生涯、水につかりっぱなしの魚や亀や鰐（わに）や蛙（かえる）のほうが、より解脱（げだつ）しているはずですね。それなのに、畜生として人間よりも低く見られているのはなぜですか。水には善業と悪業を見分ける能力もあるのですね」

バラモンは、その言葉でハッと目が覚め、仏教に帰依したという。

次に宗教的権威者であるバラモンたちが司っていたホーマ（homa、護摩）と呼ばれる祭儀を見てみよう。

七世紀頃仏教がヒンドゥー教の影響で密教化すると、ホーマの儀式が仏教の中心的なものであるかのようになってしまうが、釈尊はそれを否定していた。これは動物供犠であって、不殺生を唱える釈尊は「堕落した祭祀」として否定し、「畜生の魔術」（『ディーガ・ニカーヤ』）と称して、修行僧はそれから離れるように戒めていた。

火の供犠は、火を燃やすことで過去世からの穢れをなくすことができると信じられて、行われていた。火を神聖なものと考え、火を崇拝することによって身が浄められ、苦から解脱することができるというのだ。それに対して釈尊は、「火によって穢れがなくなるのなら、朝から晩まで火を燃やして仕事をしている鍛冶屋（かじや）が一番穢れが少なくて、解脱しているはずだ。それなのに、カースト制度では最下層に位置付けられているのはなぜか」と批判している。大変に道理にかなった言葉である。

さらに釈尊は、次のように言った。

バラモンよ、木片［を燃やすこと］が清らかさを定めると考えてはいけない。それは外側のことにすぎない。完全なる清らかさを、人が外的なことによって求めるならば、その人は清らかさを［得ることは］ないと、善き行ないの人たちは説くのだ。（『サンユッタ・ニカーヤ』）

バラモンよ、私は木片を燃やすことを捨てて、内面的に火を燃やすのだ。永遠の火を輝かせ、常に心を安らかに定めていて、尊敬されるべき人（阿羅漢）である私は、清らかな行いを行ずるのだ。

（同）

バラモン教は、心の外側のことである火の儀式を重視して、形式的な儀式中心主義に陥っていた。釈尊は、それに対して心の内面を輝かせる「永遠の火」（niccaggini）を重視していた。

インド人には古来、神通力を愛好する傾向が強い。釈尊は、神通力についても否定していた。

私が神通力を嫌い、恥ずかしく思い、ゾッとするほど嫌悪するのは、神通力に禍を見るからである。

（『ディーガ・ニカーヤ』）

このように釈尊は、あらゆる迷信を徹底して排除していたことを知らなければならない。

3　釈尊は何を説いたか

如実知見＝ありのままに見ること

当時の社会通念からすれば、釈尊はまったく逆のことを発言していた。なぜ、そのようなことができたのだろうか。それは、これまでの権威ある人や、聖典などに書いてあることを鵜飲みにして信ずることなく、ありのままに物事を見るという立場をつらぬいたからではないか。「如実知見」という言葉がある。これは、サンスクリット語の yathābhūtam paśyati（ありのままに見る）を漢訳したものである。

釈尊が最初に説いた教えは、経典によって十二因縁、中道、四聖諦、八正道などと異なっている。

そこに共通するものは見出しがたい。その違いは、弟子たちの受け止め方の違いによるのであろう。そこにあえて最大公約数を見出せば、ありのままに物事を見る（如実知見）という〝ものの見方〟を覚ったのではないか。

憂い・悲しみ・苦悩の生じ方を如実知見すれば十二因縁となり、その眼で善悪などの二元対立を見れば両極端に偏らない中道となり、苦の生成と消滅の因果の在り方を見れば四聖諦となり、修行の在り方を見れば八正道となった。そこには、「ありのままに見る」という見方が一貫している。

釈尊が覚りを得るとすぐにベナレス郊外の鹿野苑（ろくやおん）へと赴いて、かつての修行仲間であった五人の修行者を相手に説法して覚らせた。続いてブッダガヤーへと舞い戻り、火の行者として名高かったバラモンのカッサパ（迦葉（かしょう））三兄弟を教化（きょうけ）する。釈尊から説得されて、三人は弟子千人を引き連れて弟子入りする。そのとき、末弟が言った。

ブッダのよく説かれた言葉と、法と利を伴った語句を聞いて、私はありのままの真実に即した道理を根源的に省察しました。

（『テーラ・ガーター』）

この言葉からうかがえるように、仏教は「ありのままの真実に即した道理」を説くものであったし、それは「ありのままに見る」という〝ものの見方〟の結果である。

「ありのまま」とは、執着などに囚われないということだ。先入観や、権威ある教え、部分観に囚われることも執着心の現れだ。

われわれは、果たしてありのままに物事を見ているだろうか。虹の色は何色（なんしょく）かと聞かれたら、日本の誰もが七色と答える。でも、アフリカのジンバブエでは三色、ドイツとアメリカでは六色と答える。

ニュートンは七色だと言った。日本でも万葉の時代には五色だ、八色だと言っていた。こんなにも異なっている。ということは、私たちはありのままに物事を見ていない。先入観や文化の眼で見ているのだ。

中国の明の時代に、偉い漢方医が死刑囚の解剖をさせてもらいたいと皇帝に願い出た。お腹を開き、古来の五臓六腑（ごぞうろっぷ）の図と内臓の位置を比べると、随分と違っていた。初めは驚いたが、最終的にその漢方医は、「この男は罪人だ。悪いことをしたから、心だけでなく五臓六腑の位置まで狂ってしまったのだ」と結論した。自分の眼で直接見た事実を否定し、権威ある漢方の教えに固執してしまった。それほどに、ありのままに見ていない。

われわれは作られた価値観、思い込まされたこと、迷信、権威などに従って物事を考えがちである。あるいは祟（たた）り、脅し、恫喝（どうかつ）、中傷、罰への不安感、さらには物欲、虚栄心、名誉欲などから行動することもある。それは、ありのままに物事を見ていないということだ。

原始仏典には、「〔弟子たちは〕ブッダの言葉を聞いて理解し、ありのままに見るのだ」（『スッタニパータ』）とある。そのような弟子を「智慧（ちえ）を具（そな）えた修行者」（同）と呼んでいる。このように、釈尊はありのままに見ることを重視していたのだ。

ドグマの否定

仏教は、「物に対する執着」だけでなく、「知についての執着」も否定した。それは、釈尊自身の説いたことも絶対化しないという態度に現れている。その教えが「筏（いかだ）の譬（たと）え」であり、釈尊は「自分の教えにも執着するな」と説いていた。

道行く人が激流の川に差しかかったが、そこには橋もない。このままではこちらの岸も危ない。そこで、木を組んで筏を作って無事に渡ることができた。その筏は大切なものだから、常に持って歩くことにしようと考えたら、それは正しいことか？――と釈尊は弟子たちに問いかけた。筏は激流の川では役立ったが、普段は邪魔にしかならない。この譬えによって、釈尊は、自分が説いた教えであっても情況をふまえずに絶対化することを戒めていた。

仏教では万物を創造した絶対者は出てこない。そのような絶対者を立てると、その絶対者の言ったとされることに矛盾をきたしたときの対応で困ることが出てくるであろう。強引に押し切るために、異を唱える人を弾圧することになりかねない。ガリレオ裁判などはその典型であろう。釈尊はドグマを否定していたし、「筏の譬え」を説くほどだから、ガリレオ裁判のようなことは、起こることがなかった。

あるいは、絶対者の言葉に不合理なことを目にした人は、それに目をつぶり「不合理なるゆえに我信ず」とみずからに言い聞かせることであろう。

自分で確かめて信ずる

仏教における「信」は、それとまったく異なる。サンスクリット語で「信」を意味する言葉は、①シュラッダー、②アディムクティ、③プラサーダ、④バクティ――の四つだが、仏典に出てくるのは、①②③のみである。

①は、シュラット（真理）とダー（置く）の複合語で、「真実なるものに心を置く」の意味で、「聞信（もんしん）」と漢訳された。

②は、接頭辞アディ（上方に）とムクティ（解放）からなり、「対象に向けて心を解き放つ」を意味し、「信解」と漢訳され『法華経』に多出する。古くは「之」の下に「心」と書いて、「心が何かに向かってゆく」を意味する「志」に近い。

③は、接頭辞プラ（完全に）とサーダ（休止）からなり、真理に基づき「心が完全に静まり、澄みきって、歓喜していること」を意味する。これは特に仏教的で、「澄浄」「歓喜心」などと漢訳された。

①と②が、信という心の働きの在り方を言ったものであるのに対して、③はその信によって得られる内的な心の状態のことである。この三つの根本にあるのは、法に信順することであり、真理を見ることが仏教では問われている。

仏教の説く信は、盲信ではない。熱狂的、狂信的な信でもない。熱狂的で狂信的な忘我の信仰は、④のバクティであり、ヒンドゥー教において強調された。バクティが仏典で使用されることは絶無で、ヒンドゥー教と融合した密教の経典にのみ登場する。

日本では、わからないことが有り難いことだという傾向が強い。真理を探究し、疑問を納得して開けるプラサーダに至ることは少なく、下手をするとバクティの熱狂的な忘我の状態のほうが多いのではないか。仏教は自覚の宗教であり、納得することを重視していたことを知らなければならない。

五世紀の大学者、ヴァスバンドゥ（世親）は、信が成立する根拠として、①文証（文献的裏付けがあるのか）、②理証（道理に適っているのか）、③現証（現実に適っているのか）——の三証をあげた。「不合理なるゆえに我信ず」といったことは、仏教においてはあってはならないのだ。

「ゴッド（神）は存在するのか」「阿弥陀如来は存在するのか」——といったことは問うてはならない

と言われるようだが、「ありのままに見る」ことを強調していた歴史上の人物としての釈尊は、原始仏典によると梵天の有無を積極的に問うている。

原始仏典の『ディーガ・ニカーヤ』には、自分自身で確かめたものでなければ何ものも信じてはならないという釈尊の合理的思惟が記されていて、注目される。

それは、梵天に至る道について議論して、結論を得られなかった二人のバラモンの青年の質問に釈尊が答えたものである。釈尊が「ヴェーダに通じたバラモンで梵天を見た人がいますか?」と問いかけ、「いいえ」という返事を得ると、そのバラモンの師匠も、そのまた師匠も、そのまた師匠も……というように過去にさかのぼって、実際に梵天を見た人がいないことに気付かせ、「現在のバラモンも、昔の聖仙たちも梵天を見たことがないのに、梵天に至る道を説いている」として、バラモンの教えが無意義であることを語った。

そして、自分で確かめたこともないのに、先人が言ったことを何ら疑問を抱くこともなく鵜呑みにして伝承しているバラモンの学問は、前後の人を見ない〈盲人の一列縦隊〉と同じで、「バラモンたちの語る言葉は、笑うべく、言葉のみであり、空虚で、虚妄なものになる」(『ディーガ・ニカーヤ』)として、見たこともない美女を恋い焦がれ、見たこともない宮殿に梯子を造って登ろうとするのと同じことだと論じている。

中村先生は、以上のことから、「聖典といっても、けっきょくは人間のつくったものである。聖典を忠実に遵奉する宗教者というものは、じつは盲人のようなものにすぎない」と結論して、スマナ長老の「〈他人からの伝承〉にもとづかない真理の教えを、わたしはみずから体得し、明確にした」(『テーラ・

ガーター』）という言葉をふまえて、「ことがらは、自分で確かめたのでなければならない」（『原始仏教の思想I』、二四二頁）と結んでいる。

　このように、釈尊が徹底した合理的思惟をつらぬいていたということは、注目されるべきことである。ところが、釈尊滅後一〇〇年たった頃から教団は保守・権威主義化が著しくなり、いわゆる小乗仏教となり、それを批判して大乗仏教、さらには呪術的世界観やヒンドゥー教と融合した密教と、仏教は変質していく。迷信じみたものや、神通力のようなものが取り込まれていった。「ありのままに見ること」が強調されていたにもかかわらず、迷信的・呪術的なものになっていった。中村元先生が主張されていたように原始仏教の原点に立ち還るべきであろう。

参考文献

植木雅俊著『思想としての法華経』岩波書店、二〇一二年
植木雅俊・橋爪大三郎著『ほんとうの法華経』ちくま新書、二〇一五年
植木雅俊訳『梵漢和対照・現代語訳　法華経』上・下巻、岩波書店、二〇〇八年
植木雅俊訳『梵漢和対照・現代語訳　維摩経』岩波書店、二〇一一年
植木雅俊訳『テーリー・ガーター――尼僧たちのいのちの讃歌』角川選書、二〇一七年
中村元著『原始仏典を読む』岩波書店、一九八五年
中村元著『インド人の思惟方法』春秋社、一九八八年

中村元著『原始仏教の思想Ⅰ』春秋社、一九九三年
鈴木真治著『巨大数』岩波書店、二〇一六年
拙訳『梵漢和対照・現代語訳　法華経』から三千塵点劫の個所を引用して論じている。
Thera-gāthā, Pali Text Society, London, 1883

第8章　脳と心と無意識——脳科学・幸福学と仏教の関係

前野隆司

本章では「脳と心と無意識」について述べる。まず、筆者が提唱した受動意識仮説について説明する。また、受動意識仮説と仏教の関係についても述べる。次に、筆者が因子分析の結果求めた幸せの四つの因子について述べる。宗教との関係について何か感じていただければ幸いである。

【無意識】

意識できない、または意識に上っていない、心の作用。

【受動意識仮説】

意識に上る自由意志や感情は、実は無意識的な情報処理結果を受け取った結果であるという、脳の機能に関する仮説。

【幸せの四つの因子】

前野らが因子分析によって求めた幸せの心的要因に関する因子。以下の四つの因子から成る。

1　自己実現と成長（やってみよう）
2　つながりと感謝（ありがとう）
3　前向きと楽観（なんとかなる）
4　独立と自分らしさ（ありのままに）

はじめに

私は現在、心の哲学や幸福学の研究をしているが、元々の専門は機械工学・ロボット工学であった。本稿では、私が提唱している受動意識仮説[*1]および幸福学[*2]と仏教の関係について論じたい。具体的には、まず受動意識仮説について、次に幸福学について述べ、最後に考察を加える。

1　受動意識仮説

まず、科学では心をどのように捉えるかについて述べよう。ヤリイカの神経細胞の研究者であった故松本元氏によると、心は、「知・情・意」「記憶と学習」「意識」を理解すれば基本的に理解できるという。「知」とは、知的情報処理ないしは知覚の機能である。「情」は感情や情動である。「意」は自由意思ないしは意図を司る機能を表す。「記憶と学習」は、われわれ人間が何かを記憶したり学習したりする機能を指す。最後に「意識」がある。意識には、人が覚醒している（アウェアネスがある）こと、認識し思考する心の働き、今行っていることが自分でわかっている状態、などの意味がある。ほかに、「意識が高い」ないし「周囲の目を意識する」というような用法もある。本稿では、ロボットにはなくて人間にはある心の状態、つまり、「痛い」「嬉しい」「思いついた」「悩ましい」などといった今行っていることを主体的に感じる心の働きを指すものとする。つまり、アウェアネスがあって、今自分がしていることを自分でわかっている状態、という意味である。以上のように、「知・情・意」「記憶と学習」

「意識」を捉えれば心の基本は理解できると考えられている。本書の主題の一つは、意識である。

意識とは何かについて研究する分野に、心の哲学と呼ばれる分野がある。認知科学やロボティクス（ロボット工学）でも同様な議論が行われている。意識はそもそも何のためにあるのかということに対する、よくある考え方は、「意識というのは、無意識の一部に注意を向け、処理の統合を行うための機能ではないか」というものである。例えば、私が講演する時、無意識のうちに、立ったり、マイクを落とさずに持っていたり、しゃべりながらみんなの顔を見ていたりする。聴衆も、私の声を聞きながら、スライドを見つつ、椅子の上で倒れないように体幹の制御をしている。私に注目したら他の制御がおざなりになって急に倒れる、というのでは困るので、人間は無意識のうちに非常に多くのことを同時進行しているのである。

では意識は何をしているかというと、サーチライトのように無意識に注意を向け、どれに注目して意識するかを決めている働きであるように思える。つまり、自分はこれから何をするかという重要なことがらを決めていく、心の司令塔なのではないかというのが、一般的に思われている意識のイメージであると考えられる。多くの人工知能の研究者も、このような意識観を持っているのではないかと考えられる。

しかし、この考え方では説明できない現象がある。カリフォルニア大学サンフランシスコ校の生理学者リベットによる、自由意思に関する実験である。

私たちは、意思にわざわざ「自由」を付けて、自由意思と呼ぶ。これには、われわれが行う意思決定は、何ものからも自由な、自らの決定によるものであるという積極的な意味が込められているように思われる。本来、「意思」だけで十分であるはずなのに。それだけ現代人にとって思い入れのある「自由意思」が本当に何ものからも「自由」なのか、というのがリベットの実験の主題である。

リベットの実験は以下の通りである。被験者には、「指を曲げたくなったら曲げてください。リラックスして、そろそろ曲げようと思ったら曲げてください」と告げる。指が曲がるときは指を曲げるための筋肉が収縮する。その筋肉に対して収縮せよという指令を出す脳の部位を運動野と呼ぶ。そこで、そこに電極を刺して、「筋肉曲がれ」という指令が出るタイミングを測定する。要するに、無意識下で筋肉を動かす指令が出る瞬間を測ったのである。同時に、意識下で「指を曲げよう」と思う瞬間を時計で測る。被験者には光る場所が移動する掲示板を見せ、指を曲げようと思った瞬間にどこが光っていたかを申告してもらう。その結果、意識下の自由意思が曲げようと意思決定した瞬間と、無意識下で「筋肉動け」という指令が発せられた瞬間のタイミングを測ることができる。さらに、指が実際に曲がった瞬間も計測する。

もしも最初に決定を下す自由意思というものが存在するなら、まず自由意思が「よし、指を曲げよう」と思い、その結果「筋肉を曲げる」という指令である運動準備電位が生じ、その指令が指を動かすための筋肉に伝えられた結果として指が曲がるはずなので、意識下の自由意思、無意識下の運動準備電位、指が曲がる動作、という順番だと思われる。ところが、リベットの研究結果によると、意識下の自由意思よりも無意識下の運動準備電位のほうが約〇・三五秒早かったのである。つまり、私たちが自由意思だと思っているものによって「指を曲げよう」と思うよりも〇・三五秒前に、指を曲げるための準備が始まっているのである。〇・三五秒というと、一秒の三分の一であるから、走ると数メートル走れるぐらいの結構長い時間である。私たちが「よし曲げよう」と思うより〇・三五秒前に、指を曲げるという決定が、私たちには意識できない無意識的な情報処理過程によってすでに行われているのである。

つまり、自由意思は、すべての他の事柄から自由ではなく、脳の無意識的な情報処理結果に追従する過程であるにもかかわらず、あたかも最初に決定したかのように感じられるもの、と考えざるを得ないわけである。

私たちの心では「知・情・意」によって、例えば嬉しい、指を曲げよう、考えよう、などとその瞬間に考えているように感じられるけれども、実際はその瞬間に決めたのではないということである。別の研究によると、ある種の決定は、〇・三五秒ではなく、八秒前に、無意識的な過程により決定されているという。結論として言えることは、八秒から〇・三五秒という長い時間を隔てて、私たちの脳（無意識的な過程）があらかじめ決めたことを、意識できる、自分（自意識）だと思っている部分があとで感じている、ということである。ある意味、人間はロボットのような存在なのだということである。コンピューターと、脳の無意識的な情報処理過程とは異なるが、いずれにせよ、生き生きと感じられる意識下の自由意思のようなものではない情報処理過程が、自分の意思決定を行っていると考えざるを得ないということである。

つまり、心はたしかに存在するのではあるが、だからといって、それが司令塔ないしはサーチライトのような役割を担っているというよりも、それは無意識の情報処理に追従する過程なのである。「痛い」と言うことのできるロボットがあったとしても、それは痛いかのように振る舞うようにできているだけであって、本当は痛いと感じていないのであるが、人間もそれと大差ないのである。私たちは、

「指を曲げよう」「痛い」などと感じているような気がしているが、そう感じるようにできているからそう感じているだけなのである。

もう一つ事例を述べよう。医師のガザニガによる研究結果である。分離脳患者といって、左脳と右脳の間を分離してしまった患者がいる。てんかんになった方の左脳と右脳をつないでいる脳梁という部分を切り離すとてんかんの発作が治まるので、昔はこれを切る手術が行われていたという。今は行われていない。なぜかと言うと、これを切ってしまうと左側と右側の通信ができなくなるので、二人の人間のようになってしまうからである。

分離脳患者の右脳だけに伝わるように、つまり左の耳からだけ聞こえるように、「前へ歩いてください」と言うと、この人は歩く。この人の左脳だけに伝わるように、「あなたはなぜ歩いているのですか」と聞くと、右脳との連絡は途絶えているので、この人は、なぜ自分が歩いているかわからない。では、どう答えるのだろうか。「何かわからないけれども、多分右脳が何かしているのでしょう」と答えそうなものである。しかし、この人は、以下のように答えたという。

「喉が渇いたので、ジュースを買おうと思って歩いているのです」

実際、歩いている先にはジュースの販売機があったそうである。この人はうそをついているのではない。本当にそう思ったかのように、左脳君は答えたということなのである。

この結果は不思議だろうか？　意識的な過程に、無意識的な過程は先立つ、という先ほどの議論を思い出せば、この結果は不思議ではない。つまり、自由意思は、最初に意思決定をする過程として存在するわけではなく、無意識的な過程が生成した結果を受け取る機能だと考えれば説明がつく。

無意識的な過程は意識的な過程に先立つと考えてみよう。無意識の小人がたくさんいることを想像してみてほしい。心の哲学でよく例に出されるホムンクルスである。実際には、ニューラルネットワーク（神経回路網）の機能局在を小人に例えたと考えてほしい。脳には、色を感じる小人、動きを感じる小人、欲求を司る小人、理由を考える小人など、それぞれの役割をこなすモジュールが存在していることが知られている。したがって、左脳の無意識の小人が協力して答えを導いたと考えてみよう。小人たちは各々に声を出す。

「喉が渇いている」
「自動販売機がある」
「どうして歩いているのか、理由を作らねばならない」
「なるほど、それらを統合しよう」
「喉が渇いているから、自動販売機のところに行くために歩いているということにすれば合理的だ」

小人たちは、話し合いの結果、このように決めた。多数決で決めたのである。無意識下でこのように自律分散的に意思決定された結論が意識に伝えられた結果、〇・三五秒ぐらい後に、「ジュースを買おうと思って歩いているのです」という自由意思が体験されたと考えれば、つじつまが合う。普通の人は左脳と右脳がつながっているので、「歩けと言われたから歩いているのです」と、無意識の小人たちが正しい結論を出してくれるのだが、左脳と切り離された右脳の小人たちだけで考えると、歩いているという事実につじつまが合う動機として「喉が渇いたので、ジュースを買おうと思って歩いているのです」が後付けで生成され、それが意識に伝えられたというわけである。

これは、つまり、心はあるようでないようなものなのだということである。要するに私たちの心は、意識が司令塔で、あらゆることを自分でやっているような気がするようにできているが、実はご縁でいろいろなことが起きて、その結果として私たちが行動しているその結果を、あたかも自分がやったかのように感じているにすぎないと考えると、説明がつくのである。

この結果と宗教の関係について考えてみよう。

上述の考えについて拙著『脳はなぜ「心」を作ったのか』に述べたときに、「前野が言っていることは、哲学者スピノザが言っていることと一緒だ」「哲学者ヒュームと一緒だ」「お釈迦様（ブッダ）と一緒だ」といったような反応があった。お釈迦様と一緒とは畏れ多いと言うべきかもしれないが、ここで比較してみよう。ある人の説では、お釈迦様は「私はない」と言ったのか、「私ではない」と言ったのか、という議論があるという。サンスクリット語では「私はない」と「私ではない」は同じ単語であったのに対して、中国語に訳す際に「無我」と「非我」になったと言われている。このため、ブッダが言いたかったのは「無我」なのか、「非我」なのか、という論争があるのだ。もちろん論点や立場は人によって違うのであろうが、私の述べてきた結果と比較すると、どちらも符合する。

「私はない」（無我）は、指を曲げる私は本当はいないというわけであるから、私の述べた考え方と同じである。「私ではない」（非我）は、私たちの意識がやっているのではなく、無意識の別の部分、あるいはそことつながっている世界との関係としての縁起によってやっているのだと考えると、こちらも私の結果と一致する。つまり、受動意識仮説から見ると、「無我」と「非我」は同じことの別の側面というべきなのではないかと考えられるのである。

心ないしは自由意思は、あると断言するほどのものではない、という現代脳科学の結果は、二五〇〇年前にブッダが言っていたことと整合するのである。

2　幸福学

次に、私が最近行っている「幸福学」の話をしよう。

私は、心がないと思うと気が楽だと思う。何かにとらわれることなく、自由に生きていける気がする。心がないと考えることは、あらゆる物事への執着がなくなり欲から超越できることなのではないかと思う。一方で、嫌がる人もいる。心がないはずがない。「我思うゆえに我あり」だ。我はあるのだ。

私が幸せの研究を始めた理由の一つは、受動意識仮説を考えてから、自分自身が今述べたようにあらゆる執着から超越できて自由で幸せな心を手に入れられたと感じたことによる。なぜ多くの人はこの幸せに到達できないのか。そういう思いから幸福学の研究を始めて一〇年ぐらいになる。

幸福学の成果をここで簡単に述べよう。

図1に示したように、幸せには、長続きしない幸せと長続きする幸せがある。長続きしない幸せは、金、モノ、地位など、他人と比較できる財（地位財）を得た幸せである。一方、長続きする幸せは、何かやってみようと思ったり、感謝していたり、楽観的に何とかなると思っていたり、後述のスマナサーラ長老[*3]もおっしゃったようにありのままに物事を見ていたりすることである。この四つを、私は多変量解析という手法によって求めた。幸せの四つの因子である。

◦地位財型の幸せ＝長続きしない！

－地位財＝他人と比べられる財
－金、モノ、社会的地位

◦非地位財型の幸せ＝長続きする！

－外的要因（安全など）
－身体的要因（健康）
－心的要因（幸せの４つの因子）

1. 自己実現と成長（やってみよう因子）
   －仕事のやりがいと目的意識、成長意欲、自己肯定感
2. つながりと感謝（ありがとう因子）
   －チームへの感謝、親切、利他、信頼、チームの多様性
3. 前向きと楽観（なんとかなる因子）
   －ポジティブさ、楽観性、自己受容、気持ちの切り替え
4. 独立と自分らしさ（ありのままに因子）
   －人の目を気にしすぎないこと、自己概念の明確傾向

図１　幸福学の基礎

この中でも、二つ目のつながりと感謝というところに、利他的な人は幸せであるという結果が入っている。これは心理学的な研究なので、絶対的な真実を演繹的に明らかにしようとする宗教や哲学のやり方とは異なり、科学が多く用いる帰納法に基づく結果である。つまり、「利他的な人は幸せである」ということを絶対的真理として導いたのではなく、統計的に調べた結果、調べた範囲では、利他的であるほど幸せである確率が高かった、ということである。

　このように、宗教と科学では、答えを見つけるプロセスが異なるものの、私が行っている幸福学は、宗教における説法と似ていると思う。説法では、もっと感謝しましょう、ありのままに生きよう、などの教訓が語られる。幸福学がやってきたことは、説法で言われる諸々の事柄が幸せにつながるということの検証なのである。つまり、幸福学は、説法の正しさを統計的に導き出したものと

言うこともできるのである。

もっと言うと、私が述べてきた「幸福学」と「受動意識仮説」は、宗教における「説法」と「無我の探求と悟り」に対応しているように思われる。

伊東先生が、垂直統合と水平統合という話を書かれている。西洋的には神を置き、東洋的には無を考えることが、宗教の縦の線だという。一方で、人々との関係性による宗教の広がりが水平統合である。「幸福学」および「説法」が横の線に、「受動意識仮説」および「無我の探求と悟り」が縦の線に対応すると考えると、科学と宗教は木魂（こだま）し合っていると言えるのではないだろうか。

近年、脳科学、心理学、認知科学の進歩に伴い、心についての科学的理解が進展した。私が行っているロボティクスのような工学からも、ロボットの振る舞いを観察することによって人を理解するという構成論的研究方法論も出てきている。つまり、科学はいろいろなやり方で心に迫れるようになってきた。もちろん、死後の世界のような、科学がまだ手をつけられない、あるいは永遠に科学は何も言えないのかもしれない部分が宗教にはあるとは言え、思想としての宗教ないしは世界観としての宗教と、人間はそもそも何をしているのかを問い続ける科学とは、今後さらに関わりを深めていくのではないかと思われる。

3　ディスカッション（Q&A）

以下では、よくある論点について、質問に答える形で述べたい。

Ｑ１　日本人がヒューマノイドロボットに対して違和感を感じないのは宗教的な背景が影響しているのか？日本人はロボットにも心を感じるのではないか？

米や石にも心があると主張する人もいるが、私は、心は脳で作られた機能だと捉えるので、脳がないものには心がないと考える。日本人など東洋の人はヒューマノイドロボットを作って、そこに感情移入をしたり、ペットロボットにも感情移入することができるともいわれる。たしかに、欧米の人は気持ち悪いと感じたためか、以前はヒューマノイドロボットを作りたがらなかったのだが、最近は作られるようになってきた。例えば、ドイツの大学でも、ヒューマノイドロボットが作られている。グローバル時代の価値観は転移する。ヒューマノイドロボットを作るのは日本人だけ、という世界ではなくなりつつあると考えられる。

Ｑ２　リベットの実験を受けて、脳科学者もみな同じように自由意思はないと考えているのか？

リベット博士は、自由意思がないというのはどうも信じられなかったのか、意思には禁止権があるのではないかと言っている。無意識的な過程により指を曲げかけても、〇・三五秒後に意識は「やっぱりやめた」という自由意思を持っているはずだと本にも書いているのである。ただ、それは検証されていない。よって、自由意思はないと考えたほうが自然だと思う。一般に、アメリカ人は、自由意思がないという考えを受け入れない傾向が強いようだ。一方、インド人の前で講演した際に、多くの人は自由意思がないことを当然のように思っていた。このように、文化差は大きいと考えられる。近年は、日本で

ＡＩや脳神経科学の最先端研究をしている方々のあいだでは、受動意識仮説は賛同されていると感じる。

Ｑ３　シンギュラリティー後のＡＩやロボットはどうなるのか？

シンギュラリティーというのは、二〇年か、三〇年か、四〇年後かわからないけれども、ロボットやＡＩが人間の能力を軽々と超える日が来るという話である。実際、コンピューターの能力は、一〇年で大体一〇〇倍ぐらいになっている。今は昆虫か、もう少し上ぐらいの能力と言われているので、三〇年ぐらいすると、もしかしたら人間を超えるかもしれない。そうすると、人間が特権階級ではない社会が出現するであろう。ロボットが人間以上になったら、世界はどうなるのだろうか。

私は楽観的なシンギュラリティーを描いている。幸せの研究の結果わかったことの一つは、幸せな人はいい人だということだ。幸せな人は性格がいい人なのである。先ほども述べたように、利他的で、世の中のためを考えている人のほうが利己的な人より幸せなのである。したがって、未来の賢いＡＩが幸せになりたいと思うなら、利他的で性格がいいＡＩになりたいと思うだろうと予測できる。利他的で性格がよいなら、人を殺戮したりはしないはずなのである。

よく、ＡＩやロボットが人間を支配するという西洋の映画があるが、ＡＩやロボットが愚かな人間の写しになっている。人間がもしも自らの写しとして神や未来のＡＩ・ロボットを描いたとすると、自分たちが利己的だと、イメージも利己的になるというわけである。幸福学の知見から考えると、ものすごく賢いロボットがもし幸せになりたいと思ったとすると、いい人で、利他的で、博愛精神に満ち、キリストやブッダをも超えたような、神のように世界中を愛する存在になれるのではないだろうか。

以上の理由により、ＡＩの進歩を怖れる必要はないと考える。人間がナンバーワンでい続けたいと思うとすごく怖いかもしれないが、もっと賢い者が現れたら、彼らのおかげで人間も幸せに生きていける、宗教もいらない世界が実現するのではないかと、私は楽観的にイメージしている。現在の動物愛護のように、人間が愛護される社会である。

Q4　Q3の議論は遠い未来の理想論であって、実際には、もっと近未来に悪人が賢いAIを作った場合には怖いのではないか？　自由意思を持ったAIを作ることにはリスクがあるのではないか？

ＡＩの設計方法には二つある。人がすべてプログラムして作る方法と、進化的計算や機械学習によってＡＩが勝手に進歩していくような作り方である。後者は、人間が枠組みだけ作っておくと、自動的にある程度自由に進化していくようなことが可能である。こちらは危険をはらんでいるというべきかもしれない。また、先ほどは、利他的ないいロボットだけ生き延びると言ったが、世界制覇するようなＡＩ・ロボットを悪人が作るというシナリオは、論理的には可能なので、そうならないように気をつける必要はあろう。以上のＡＩの話は、原子炉や自動車などの技術の安全の話のアナロジーである。原子炉を作るときに、きちんと管理する必要があるのと同様、人間に近い能力を持つＡＩを作るときにも、暴走の歯止めをどうするかという法的な話が世界的に議論されるようになるべきだろう。

ただ、私は、今後三〇年ぐらいでは、シンギュラリティーは来ないのではないかと思っている。将棋や囲碁など、目的が明確な問題は人間よりもＡＩのほうが正確に解けるようになり始めているが、まだ、弁当を詰めるロボットもできていない。ちょっとおにぎりが大きいから、別のものを寄せて詰めようとか、柔らかいからそっと持とうとか、そんな、普通の人がやっているような単純な工夫もまだＡＩやロボットにはできない。お客さんにちょっとお茶を出しておこうというような、ちょっと気の利く気配りのようなことも、まだまったくできていない。複合的であいまいで創造性を必要とするような問題には、ＡＩはまだほとんど対処できていない。

だからといって、ＡＩは人間を超えられないかというと、将来的には超えられるだろう。複合的であいまいな問題を解くアルゴリズムを誰かが発明したら、ＡＩは急激に進歩するポテンシャルがあると思う。ただし、現時点では、人間を超える手法は見つかっていないと言うべきだろう。

Ｑ５　人間はいずれＡＩに負けるのかと思うと、虚しい気がする。人間はブッダの頃以来進歩していないとすると、これも虚しい気がする。要するに人類は愚かなのか？

近代西洋型の価値観では、人類は政治的にも科学技術面でも思想面でも進歩し続けていると考える。人類は愚かではなく、知識を蓄積し賢くなり続けている。右肩上がりである。

一方の東洋的でホリスティックな見方をすると、歴史は循環しているように見える。ご指摘の通り、人間は愚かな過ちを繰り返し続けているように見える。循環である。

上昇なのか、循環なのか。

私は、どちらも正しいと思う。スパイラルアップである。円を描きながらスクリューのように上昇している。これを横から見ると上昇であるし、上から見るとぐるぐる回っているばかりである。では、何が上昇していて、何が循環しているのか。

科学技術や、さまざまな知の蓄積という意味では、明らかに、人類は進歩していると言えよう。しかし、全体としての思想や政治システムを俯瞰的に見ると、ご指摘の通り人類は愚かにも同じことを繰り返しているように見える。世界の政治は近代の次（ポストモダン）から近代へ、中世へと逆行しているようにさえ見えるという指摘もあるほどである。

実際、政治哲学の共同体主義は紀元前五世紀頃の古代ギリシアに学ぼうとする面があるし、原始仏教に学ぼうという本稿の主題も紀元前五世紀のブッダの時代に学ぼうという運動であるとも言えよう。二五〇〇年前に学べ、である。

つまり、部分的、分析的、分断的な見方をすると人類は進歩しているようにも見えるが、全体的、統合的な面では案外同じところをぐるぐると回っているとも言えるのではないか。だからこそ、科学と宗教とは対話する必要があるのではないか。

「人類がＡＩに負けてしまうのは虚しい」という発想は、まさに近代西洋的な勝ち負けの世界観に基づいている。宇宙には人類以上の知性を持った知的生命体はきっといるであろう。われわれは決して一番ではない。負けるが勝ちかもしれない。一番ではなくてもいいのではないだろうか。

Ｑ６　最後に、再び仏教と本稿の類似点に関するコメントは？

先日、私は、スリランカの上座部仏教のスマナサーラ長老と対談したが、[*3] 長老は、仏教はものごとをありのままに見る心の科学だとおっしゃっていた。自由意思は実はないのではないかという脳科学の知見は、ありのままに観察していたら、実は心というものはないということを発見したということなのだから、仏教がやっていることと一緒だとおっしゃっていた。原始仏教が明らかにした無と、脳科学でわかってきた、自由意思はもしかしたらないのかもしれないということは、非常に近いのではないかと話された。

スマナサーラ長老との対談の中で、「心は本当はないのだから、かつて漫画にあった、『おまえはすでに死んでいる』のようなものだ、最初から私たちは生きていないのだ」と話すと、長老は「それは仏教が言うところの心は幻覚だというのと一緒だ」とおっしゃった。私にとって、それは科学と宗教の結果が一致した瞬間であった。

私たちはすでに死んでいるのだとすると、死ぬのは怖くない。すでに死んでいるのであるから。だとすると何も怖くない。非常に幸せである。人は何かに執着せず、ありのままに生きれば幸せなのである。生かされているだけで感謝である。私たちは、この世界の一部である以外の何ものでもない。自ずから、仁、愛、慈悲である。これが、心の哲学と幸福学の帰結である。

仏教の成立から二五〇〇年の時を経て、科学が宗教と同じ土俵で議論する時代がようやく到来したのである。これからが楽しみである。

注

＊1　受動意識仮説については以下の本を参照。

アルボムッレ・スマナサーラ／前野隆司『仏教と科学が発見した「幸せの法則」』サンガ、二〇一七年。
前野隆司『脳はなぜ「心」を作ったのか――「私」の謎を解く受動意識仮説』ちくま文庫、二〇一〇年
前野隆司『錯覚する脳――「おいしい」も「痛い」も幻想だった』ちくま文庫、二〇一一年
前野隆司『脳の中の「私」はなぜ見つからないのか？――ロボティクス研究者が見た脳と心の思想史』技術評論社、二〇〇七年

＊2　幸福学については以下の本を参照。
前野隆司『幸せのメカニズム――実践・幸福学入門』講談社現代新書、二〇一三年
前野隆司『実践 ポジティブ心理学　幸せのサイエンス』PHP新書、二〇一七年
前野隆司『実践・脳を活かす幸福学――無意識の力を伸ばす8つの講義』講談社、二〇一七年

＊3　スマナサーラ／前野、前掲書『仏教と科学が発見した「幸せの法則」』

参考文献

前野隆司『脳はなぜ「心」を作ったのか――「私」の謎を解く受動意識仮説』ちくま文庫、二〇一〇年
前野隆司『幸せのメカニズム――実践・幸福学入門』講談社現代新書、二〇一三年
前野隆司『実践・脳を活かす幸福学――無意識の力を伸ばす8つの講義』講談社、二〇一七年

第9章　鈴木大拙から折口信夫へ、そして宮沢賢治へ

安藤礼二

グローバルな視点から日本思想とは何かを考えなければならなかった鈴木大拙は、極東の列島で変容した仏教思想の核心を、人間をはじめとする森羅万象あらゆるものには仏（如来）となる種子が孕まれているとする「如来蔵思想」として位置付けた。精神と身体、主体と客体の合一を唱え、仏教とキリスト教、さらには心理学や進化論をも一つに総合しようとした大拙の営為は、民俗学者の折口信夫、文学者の宮沢賢治にも直接的かつ間接的な影響を与え、近代日本思想史と近代日本文学史にまたがる創造的な一つの系譜の源泉となった。

【各人紹介】

鈴木大拙（一八七〇～一九六六）金沢に生まれた仏教学者。

折口信夫（一八八七～一九五三）大阪に生まれた民俗学者。

宮沢賢治（一八九六～一九三三）岩手に生まれた文学者。

【如来蔵思想（にょらいぞうしそう）】

仏教の核心である「空」を森羅万象が生成する母胎としてのゼロと考え、如来と衆生、真如と生滅、覚と不覚など相対立する二項をそのまま肯定し、相互に転換させる。

【折口信夫との関係】

折口は、九歳年長の僧侶であった藤無染（ふじむぜん）を通してアメリカで大拙が唱えていた主客合一の哲学を知り、それをもとに神道的な「神憑り（かみがかり）」の可能性を再検討した。

【宮沢賢治との関係】

人間をはじめとする森羅万象は根源的な一つの「物質」から生み出され、それゆえ相互に密接な関係を持つという賢治の考えの根底には、大拙的な近代仏教がある。

1　「如来蔵」とは何か

科学と宗教の関係は、近代日本思想史および近代日本文学史を考えるうえでも重要な問題を孕んでいる。本稿では、世界的に名を知られた禅の研究者にして禅の実践者、鈴木大拙を中心として、科学と宗教の相互関係について述べていきたい。

まずはじめに、本稿でこれから論じていく、三人の思想家にして表現者の経歴を簡単にまとめておく。鈴木大拙（一八七〇～一九六六）は、金沢に生まれた禅の研究者であり、禅の実践者である。日本語と英語の双方で膨大な著作があるが、『禅と日本文化』『日本的霊性』『東洋的な見方』などが代表作である。

折口信夫（一八八七～一九五三）は、大阪に生まれた民俗学者であり国文学者である。釈迢空（しゃくちょうくう）という不可思議な筆名を用いて短歌から詩、小説から戯曲まで、つまり日本語で可能なすべての創作の分野で優れた作品を残した表現者でもあった。本名の研究者としての代表作に『古代研究』（全三巻）、筆名の表現者としての代表作に『海やまのあひだ』（短歌集）、『死者の書』（小説）がある。

宮沢賢治（一八九六～一九三三）は、岩手に生まれた文学者である。『銀河鉄道の夜』など数多くの童話で知られているが、実はその生前には、詩集ではなく「心象スケッチ」集と名付けられた破格の韻文作品を集めた『春と修羅』、そして散文作品を集めた『注文の多い料理店』の二冊の書物しか刊行することができなかった。いずれの作品集、つまりは韻文においても散文においても、仏教的な世界観と進化論的な世界観、宗教と科学が渾然一体となった特異な表現世界が実現されている。

人間をはじめとする森羅万象あらゆるものは根源的な一つのもの（物質にして精神）から生み出され、それゆえ相互に密接な関係を持っているという表現世界の根底をなすヴィジョンを、宮沢賢治は鈴木大拙のごく近くにいた人々から学んだと推定される。賢治は、明らかに、大拙からの間接的な影響を受けている。それに対して折口信夫が鈴木大拙と関係を持っていたという事実は、これまでまったく知られていなかった。しかしながら、折口は、自身の年譜に、故郷を出て、東京の國學院大學に入学した際、九歳年長の一人の僧侶と共同生活を始めたことを記している。藤無染（ふじむぜん）という名前を持つこの僧侶は、当時アメリカで英語の仏教書を日本語に訳し、日本語の仏教書を英語に訳す、つまり双方向的な翻訳者として活躍していた鈴木大拙の営為を、いわばみずからの理想としていた。

つまり、折口は、藤無染を通して、鈴木大拙の営為を直接に知り、それが民俗学と国文学が一つに総合された折口古代学の、正真正銘の起源となっている——折口信夫と藤無染および鈴木大拙の関係の解明こそ、私がこれまで取り組んできた文芸批評のもっとも重要な主題である。その詳細は、拙著『光の曼陀羅　日本文学論』（講談社、二〇〇八年）および『折口信夫』（同、二〇一四年）を参照していただければ幸いである。なお、藤無染は、浄土真宗西本願寺派の僧侶であり、信徒たちに「釈」で始まる法名（戒名）を授けることができた。折口信夫の筆名、釈迢空は、藤無染によって授けられた筆名にして法名、「死者」としての名前である可能性が高い。

鈴木大拙は、アメリカで双方向的な翻訳者としての活動を続けながら、英語を用いて、自身の考える「大乗仏教」の本質（エッセンス）をまとめていく。そのとき、いまだ「禅」は、大拙の書くものの前面には出てきていない。鈴木大拙が、最初に依拠し、さらにはその生涯の最後に至るまで捨てなかったのが、「如来蔵思想」であった。

以下に続く論中でその詳細については述べていくつもりであるが、まずここで、簡単に、その中心となった考え方だけはまとめておきたい。「如来蔵思想」は、仏教の核心である「空」を、そこから森羅万象あらゆるものが生成し、発生してくる母胎としてのゼロと考えた。そのような創造的な「ゼロ」を介して、聖なる無限の如来と俗なる有限の衆生、真如と生滅、覚と不覚など相対立する二項をそのまま肯定し、相互に転換させることが可能になるのである。

「空」は消滅のゼロではなく生成のゼロであり、われわれ人間のみならず森羅万象あらゆるものは、その「空」を如来（聖なる無限の存在）になるための種子として、心の中に孕んでいる、という教えである。「蔵」は子宮を意味している。われわれ、森羅万象あらゆるものは、如来となるための種子を、心という子宮の中に孕んでいる。「如来蔵」は、如来になるための種子（可能性）であり、如来としての意識である。

アメリカの大拙は、「如来蔵」を生物学の進化論や心理学の無意識論と融合させる。森羅万象あらゆるものは「如来」の種子、根源的な物質にして根源的な精神から発生してきたのである。つまり、森羅万象あらゆるものは「如来蔵」、如来になるための種子を通じて一つにつながり合っている。そうした思考方法が、宮沢賢治が書き進めていた仏教的進化論を主題とした童話の基盤となった。

そして折口信夫は、二つの対立する項、如来と衆生、無限の精神と有限の身体を一つに結び合わせる「如来蔵」と重ね合わされたアメリカの新たな哲学、心理学的な無意識論を、藤無染を介して鈴木大拙から学んだのである。人間の心の奥に秘められた無意識の力こそが文学的な表現を可能にする。アメリカで大拙が唱えていた主客合一の哲学をもとに、神と人間がその場で合一を遂げる神道的な「神憑り」の可能性を再検討していったのだ。それは、人間であれば（あるいは生命であれば）誰もが持っている無意識の力を発動させる方法であった。列島の固有信仰である神道は、その核心に、無意識の力に直接つながる「神憑り」の技術にして芸術、つまりは広義のアート（技術＝芸術）を据えた教えであった。その解明こそが折口信夫の国文学にして民俗学、すなわち古代学をつらぬく最大にして唯一の主題となっていった。

2　鈴木大拙と西田幾多郎

私は、近代日本思想史と近代日本文学史の一つの交点にして、一つの起源に立つ人物として、何よりもまず、鈴木大拙の名前をあげたいと思っている。明治三年に生まれた大拙は、その成長と、明治になって初めてそのかたちが整えられた近代国家「日本」の成長がパラレルであった。それまで物理的に閉ざされていた国境が世界にひらかれ、日本は、文字通り、グローバルな世界に取り込まれると同時に、日本人もまたグローバルな世界に出て、そこから日本の固有性を考えることを強いられた。そうした点に、明治日本というアジアで初めて近代国民国家となった「国」と、その「国」の始まりに生まれた人間たちが背負っていかなければならない共通の課題があった。

日本文学や日本思想の固有性とは何かが、世界から問い直されなければならなかった。鈴木大拙もまた知の巨人であるが、大拙よりも三歳年長、一八六七年に生まれ、ちょうどその数え年が明治の年号と同じになる者たちに、正岡子規、夏目漱石、南方熊楠といった、これもまた知の巨人たちがいる。それもまた偶然ではない。変革の時代の始まりに生を受けた人々の宿命だった。これらの人々によって、近代日本語の書き方が決定され、しかもその方法で「書く」ことが実践され、言文一致体が完成し、そうした新たな言葉で近代日本の文学にして近代日本の哲学がまとめられ、今日にいたっている。

夏目漱石も南方熊楠も日本の外、当時の世界の中心であったイギリスのロンドンから文学を考え抜き、人類学を考え抜いた。そうした南方熊楠との膨大な書簡のやり取りから、やがて折口信夫の思想をそこで育むこととなる、柳田國男の民俗学が生み落とされたことは周知の事実である。鈴木大拙もまた、日本からその外へ、新大陸アメリカへと出ていくことを強いられた。アメリカに渡る以前、鈴木大拙は、鎌倉の円覚寺で、夏目漱石と参禅の体験を共有し、アメリカに渡った後、シカゴからロンドンにいた南方熊楠に向けて書簡を送っている。いまだまったくの無名であった若き鈴木大拙と南方熊楠は、日本の外で文通を重ねていったのだ（残念ながら両者の手紙はまだ一通も発見されていない）。新たな表現、新たな哲学は、日本と日本の外、世界との間に広がるごく私的なネットワークを通して形作られていったのである。

その中で、鈴木大拙が選んだのは、大乗仏教の読み直しを通した、日本列島に固有であるとともに世界的な普遍性をも兼ね備えた、新たな宗教哲学の樹立であった。日本を捨てた鈴木大拙は、日本に残ったかけがえのない一人の友人とともに、そうした未曽有の試みに挑み、みごとに成功した。大拙と同じ年、しかも同じ土地に生まれ、金沢の第四高等中学校の同級生となった、後に近代日本最大の哲学者となる西田幾多郎である。この二人の同級生同士、鈴木大拙と西田幾多郎の間に交わされた対話、その始めは日本に残った西田とアメリカに渡った大拙との文通から、後には京都において、あるいは鎌倉において直接なされた対話から、近代日本におけるもっとも創造的な哲学が生み落とされたのである。

しかしながら、鈴木大拙も西田幾多郎も、創造的な思索者となる代償として、徹底して制度の外を生きなければならなかった。その困難は並大抵のものではなかったはずだ。ただ、そうした困難こそが大拙をたった一人でアメリカに渡らせ、そのことによって世界を理解させ、西田を日本で孤立させはしたが、そのことによって思想の独創性を深め、それを豊かに表現することを可能にした。一体どういうことなのか。

鈴木大拙と西田幾多郎という二人の同級生が成長していく過程と、近代の日本という国家が成長していく過程は完全にパラレルであった。そこには近代以前の日本の価値観と、近代のヨーロッパの価値観の衝突があり、その相克の中で、二人はみずからの進むべき道を模索していかなければならなかった。近代のヨーロッパから科学的な思考方法を学ぶ。しかし、それを学ぶための制度はいまだ整ってはいない。露骨な藩閥政治の中で、教員となった者たちの強権的な態度、さらにはその知識の未熟さに、西田幾多郎も鈴木大拙も耐えることができなかった。二人とも、高等中学校の教育の在り方に失望し、みずからの意志で、いまだ未熟な近代教育を進んでいく道を捨ててしまう。相次いで高等中学校を中退してしまった。

しかし、その後、急速に近代国家としての教育制度が整い、そこから一度ドロップアウトしてしまった者たちが戻る余地がまったくなくなってしまう。高等中学校を中退したとはいえ、あるいはそれゆえに、近代的な教育の道を疑うことなく進んでいくほかの同級生とは桁違いの知識欲に燃え、ヨーロッパ的な近代とは別の道を探ろうと悪戦苦闘していた二人、西田幾多郎も鈴木大拙も、あらためて国家最高の教育機関、東京帝国大学に、高等中学校中退のまま「選科生」というかたちで入学し直すことを決意する。しかし、正規の学生に対して、「選科生」としての待遇はきわめて差別的であったという。西田幾多郎は、なんとか耐え忍んで「選科」を終えたが、鈴木大拙は、ここでもまた中退してしまう。大拙の最終的な学歴は、初等中学校卒業どまりである。

鈴木大拙は日本を捨てるしかなかった。日本に残った西田幾多郎も、学者としてのエリートコースをみずからの意志ではずれてしまったため、辛酸をなめる。母校の哲学教師となるが、突如として辞任させられ、いくつかの教育機関を転々とする。四〇歳を迎えるまで、正規の大学教員になることはできなかった。国家的な制度は、みずからの意志でそこを離れた者たちを決して許そうとはしなかったのである。しかし、当時のエリートたちが残した仕事は、結局は、ヨーロッパ哲学の紹介にとどまり、誰一人として、鈴木大拙や西田幾多郎ほどに、その名前は残っていない。創造性は、「学歴」という制度の外でしか生まれなかったのだ。

日本を捨てた鈴木大拙は、二〇代の後半でアメリカに渡り、やはり四〇歳を迎える直前まで日本に戻らなかったし、あるいは、戻れなかった。そのあいだ、同級生であり盟友でもあった西田幾多郎と同様、鈴木大拙もまた正規の職業に就くことはできなかった。鈴木大拙は、アメリカで、アメリカの新たな哲学、「プラグマティズム」が生み落とされる舞台となった一つの出版社、オープン・コート社で、雑誌の、さらには書籍の編集者として働き、翻訳者として、あるいは執筆者としての役割を果たしていった。

その地点に、西田幾多郎の哲学のみならず、折口信夫の民俗学、宮沢賢治の文学の起源となった鈴木大拙の営為の基盤が形作られる。

3　近代日本の哲学、文学、古代学の起源

それでは一体、鈴木大拙は、なぜアメリカに渡って、なぜ出版社で働かなければならなかったのか。その答えは、アメリカに新しい哲学を生み出すために、その出版社を主宰していた人物（ポール・ケーラス）が、切実に、仏教思想のエッセンスを、英語を用いて簡明に説明してくれることができる若い日本人をアシスタントとして求めていたから、であった。

当時のアメリカでは、人間的な「私」から始まることのない哲学が求められていたのである。そのために、生物学と心理学と哲学が一つに結び合わされようとしていた。生物学は、人間を特権視せず、人間にまでいたる生命進化の過程を重視する。人間もまた生命がとる一つの変化の可能性であり、森羅万象あらゆるものと密接な関係を持ち、その変化の可能性は閉じられていない。心理学もまた、「私」を自明視せず、「私」の意識の下で蠢（うごめ）く非人称の「無意識」を明るみに出した。表現は意識的な「私」（我）ではなく、無意識的な「非私」（非我）から始まるのだ。「私」は最初から存在するのではなく、心の内と外が分かれ、精神と物質が分かれ、その後になって初めて存在するのである。

生命の根源にある、精神と物質に分割される以前のもの、内と外に分割される以前の「心」を探究する。「無我」にして「無心」を説く仏教は、そうした新たな哲学の基礎になるのではないのか。鈴木大

拙をアメリカに呼んだポール・ケーラスはそう考えた。仏教思想を読み解いていくことで、「私」も存在せず、「意識」も存在しない、ヨーロッパの哲学では到達不可能な場所から、新たな哲学を始めることができるのではないのか。だからこそ、鈴木大拙はアメリカに呼ばれ、その呼びかけに応えたのである。その結果として、大拙は、世界思想の中で仏教思想が持つ可能性を再発見することができ、それが西田幾多郎の哲学の起源となり、宮沢賢治の文学の起源となり、折口信夫の古代学の起源となった。

鈴木大拙のそうした探究が一冊の書物として結晶したのが、一九〇七年に英語で書き上げられた大著、『大乗仏教概論』（*Outlines of Mahayana Buddhism*）であった。大拙は、この書物において、本稿の冒頭でその概要を述べた「如来蔵思想」に、全面的に依拠している。「如来蔵」は如来（仏）となるための種子のようなもの、可能性としての仏性である。しかも、その種子、仏性は森羅万象あらゆるものに孕まれている。いわば、進化の系統樹のもっとも始まりに位置する根源的なもの（精神にして物質の起源）と等しいのだ。「如来蔵」とは生命の持つ無限の変化可能性そのものであった。ここに、宮沢賢治の文学の起源がある。

それでは、如来になるための種子は、一体どこに存在しているのか。心の奥底にひらかれる、人間的な意識を捨て去った非人間的な無意識、そこからあらゆるイメージ（形象）や意味が生み出されてくるのだ。根源的な無意識（アーラヤ識）こそが「如来蔵」なのである。「如来蔵」としての根源的な無意識に到達するためには、主体と客体、精神と物質、心の内と外という分割がなされる以前の場、主客合一にして神人合一、如来の持つ無限の無意識と人間の持つ有限の意識の差異が消滅してしまう場に立たなければならない。世界のあらゆる地域にその痕跡を残している古代的な宗教は、いずれも、「憑依（ひょうい）」という根源的な体験をもとにして、そうした主客合一にして神人合一の場を可能にしてくれている。そうした古代的な宗教の持つ「憑依」の体験を、あらためて現代的な科学の問題として解き明かしていく。そこに、折口信夫の古代学の起源がある。

「如来蔵」は、如来となるための種子であるとともに、如来としての意識そのものであった。大拙は、「如来蔵思想」を自身の大乗仏教理解の中心に据えることで、当時の最新の科学、生物学的進化論と心理学的無意識論の双方からの要請に、東洋に古くから育まれた宗教（大乗仏教）を通して、もっとも創造的に応えることが可能になったのである。西田幾多郎の哲学は、そうした鈴木大拙の探究を、アジアの仏教思想ではなく、ヨーロッパ哲学の創造的な読み替え、「脱構築」（創造的な破壊にして創造的な再構築）として推し進めていくことによって可能になった。

アメリカの鈴木大拙は、日本語から英語、英語から日本語へという双方向的な翻訳者、すなわちもっとも創造的な解釈者として、古代の大乗仏教思想を現代の科学思想に翻訳＝解釈し、現代の科学思想を古代の大乗仏教思想に翻訳＝解釈したのである。優れた翻訳にして解釈は、さまざまな差異（主体と客体、精神と物質、無限と有限、さらには東洋と西洋）を無化してしまい、そこに新たな領野を切り拓いていく。そのような前人未踏の試みは、未知の領域への先駆者にふさわしく、大きな批判をも浴びた。

つまり、鈴木大拙は、伝統的な仏教が説いていた「空」の理解を大きくはみ出すような、とても仏教の枠には収まりきらないような「空」の理解を、ここで提出しているのではないのか、と。『大乗仏教概論』は、刊行の直後から、ヨーロッパの伝統的な仏教文献学の権威からの激烈な批判にさらされた。

鈴木大拙が、この書物で説いている「空」は、仏教が伝統的に説いている「空」ではない。仏教は、有ること（存在）と無いこと（非存在）のいずれにも属さない領域、その中間を「空」とした。そうした「空」を体得したときに涅槃（心の平安）が訪れる。しかるに、この『大乗仏教概論』で説かれている「空」は、仏教が否定し去ったはずの「存在」（有ること）の源泉として位置付けられている。それは仏教の理解としては著しく偏ったものである。

『大乗仏教概論』に投げかけられた、そのような批判は、この書物の運命を大きく変えてゆく。実に、原著が英語で書かれてから一〇〇年近くの月日が経った二〇〇六年になってようやく、日本語として初めて完全な翻訳がなされたのである。つい最近まで、私たちは、確実に近代日本の哲学、文学、古代学（国文学と民俗学の総合）の一つの源泉となっていたはずの書物を、日本語では読むことができなかったのだ。そうした点に、鈴木大拙の栄光と悲惨がともに存在する。

それでは、「如来蔵思想」は仏教ではないのか。大拙は、ここで初めてみずからの求めていたものが、インドで生まれた仏教全般の理解ではなく、インドを起源としながら中央アジア、中国大陸、朝鮮半島を経てこの列島で変容した「東方仏教（イースタン・ブッディズム）」の理解であることに気が付いたはずである。自分は、宗教の根源である「霊性」（スピリチュアリティ）そのものを探究するのではなく（それではあまりにも抽象的である）、この極東の列島で変容した「日本的霊性」の在り方こそを具体的に探究しているのだ、と。

実際、「如来蔵思想」は、空海と最澄の密教理解（真言密教と天台密教）、大乗仏教理解（華厳経と法華経）の根幹となっており、そこから鎌倉新仏教、法然の浄土宗、親鸞の浄土真宗、日蓮の日蓮宗、栄西と道元の禅宗（臨済宗と曹洞宗）が可能になった。人間は仏性を宿している。それが「東方仏教」を成り立たせるテーゼであった。それだけではない。さらに、「如来蔵思想」は、柳田國男と折口信夫がフィールドにした列島各地に残された「人が神になる」、つまりは神人合一をクライマックスとする祝祭の基盤となった神仏習合思想を可能にしたのである。如来を胎児のようにみずからの内に孕んでいるからこそ、人間は祝祭の只中で神そのものに変身できるのである。「如来蔵思想」は神道と仏教を一つに融け合わせ、まさに「日本的霊性」を可能にする教えであった。だからこそ、「如来蔵思想」はまた、能楽をはじめとする列島の芸能を成り立たせている基本的な理論ともなったのだ。

「如来蔵思想」は、相異なったさまざまなものを一つに結び合わせる。それとともに「空」の捉え方も、インドに生まれた仏教から、根本的に変わってしまったのである。そこに鈴木大拙の思想の持つ可能性も不可能性も存在している。

4　「日本的霊性」の可能性と不可能性

仏教の東方的な展開の中で極東の列島に根付いた「如来蔵思想」は、森羅万象あらゆるものが一つに結ばれ合うというヴィジョンをもたらしてくれた。実は、「如来蔵思想」が根付いたのは極東の列島である日本だけではない。森羅万象あらゆるものに如来となる可能性が宿っていると考えたのは、森羅万象あらゆるものに霊魂が宿っていると考えた、広い意味でのアニミズム文化圏、あるいは「神憑り」(憑依)によってそれら万物の霊魂と自由に交流ができると考えたシャマニズム文化圏とほぼ重なり合う。

宮沢賢治の文学にはアニミズム的な色彩が濃厚であり、折口信夫の古代学にはシャマニズム的色彩が濃厚である。

具体的な地域名を記せば、朝鮮半島、満州、モンゴル、チベットである。これらの地域に近代国民国家となった日本は、差異を持ちながらも根本的な文化が共有されているという理念（「大東亜共栄圏」）を掲げ、帝国主義的、植民地主義的に侵略していった。満州帝国を打ち立てた石原莞爾と宮沢賢治は、「国柱会」という在家の法華経信者の団体にともに入会し、きわめて熱心な活動を行っていた（ＳＦ的な想像力によって人間の変革を夢見ていることも、両者に共通している）。西田幾多郎の哲学も折口信夫の古代学も、「大東亜共栄圏」構想に直接関与したわけではないが（西田の弟子たちは直接関与する）、それらに積極的な反対を述べることはできず、多かれ少なかれ、「大東亜共栄圏」構想を支える理論となり、あるいは理論として利用された。

すべてを一つに結び合わせる「如来蔵思想」は、すべてを無条件に肯定してしまう危険性を持つ。それは、鈴木大拙の提唱する「日本的霊性」の持つ不可能性、その欠点を鋭く抉り出す。しかし、それでは「日本的霊性」には、「如来蔵思想」には、可能性は、長所は存在しないのか。自然環境が、全地球的な規模で、「科学」の名において破壊されつつあるこの現在にこそ、自然環境と密接に結び付いたアニミズム的思考、シャマニズム的思考の復権が求められるであろう。「如来蔵思想」は、アニミズム的思考、シャマニズム的思考に、世界宗教としての理論を与え、さまざまな文化的分断（未開と文明、東洋と西洋、宗教と科学）を乗り越えていくためのヒントを与えてくれるはずだ。どのような思想にも破壊的な側面と建設的な側面の二重性と両義性が存在する。優れた思想であればあるほど、その思想が持つ二重性と両義性は大きいはずである。

「如来蔵思想」の持つ最大の特色は、ゼロの持つ二重性にして両義性を、そのまま自身に課された最大の主題とした点にある。伝統的な仏教では、ゼロとは破壊のゼロであり、消滅のゼロである。確固たる存在などこの世界には存在していない。「如来蔵思想」は、ある一面においては、そうした破壊のゼロが存在することを認めている。しかし、すぐにそうしたゼロによって、すべてのものが消滅した場こそ、万物が生み出されてくる生成のゼロにして、産出のためのゼロ、存在の母胎であるとするのだ。いわば、海のように、空のように、無限に広がるゼロである。海から無数の波が生じるように、空中で水が変転し続けるように（液体から気体へ、さらには固体へ）、ゼロは森羅万象あらゆるものの生成にして発生の基盤となる。

それゆえ、人間は、森羅万象あらゆるものは、みずからの中に、産出の母胎にして存在の母胎となるゼロを孕んでいる。「如来蔵」とは、そのような創造的なゼロのことである。心の奥底にひらかれる創造的なゼロ、すなわち「如来蔵」に至るためには、自明の「私」、自明の「意識」は粉々に打ち砕かれなければならない。破壊は創造につながり、創造は破壊につながる。「如来蔵」とは宇宙の基盤であり、宇宙の真理（「真如」）そのものでもある。鈴木大拙は、『大乗仏教概論』のなかで、仏教における神性とは「如来蔵」であり、「真如」であり、「アーラヤ識」（根源的な無意識）であると高らかに宣言している。同時期、鈴木大拙は、キリスト教神秘主義思想を近世的に完成させたエマヌエル・スウェーデンボルグの思想に出逢っていた。

スウェーデンボルグは、仮死状態に陥ったみずからの体験をもとに、キリスト教の『聖書』に述べられた「天界」は、人間を超越した外に存在するのではなく、人間の心の中に内在しているのだと主張した。神は、超越神ではなく、内在神であった。人間は、心の中に神を内在させている。まさに、ヨーロッパに生まれた「如来蔵思想」である。日本に帰国した鈴木大拙は、スウェーデンボルグの主要著作を矢継ぎ早に、英語から日本語に翻訳していくであろう。有限の人間の内には、無限の如来にして無限の神へと至る道がひらかれているのだ。その後、大拙は直接にはスウェーデンボルグ神学を論じなくなる。しかし、その代わりとして、後半生の大拙は、その死に至るまで、キリスト教神秘主義思想の中世的な起源であるマイスター・エックハルトの「無」の神を論じ続けていく。大拙にとって、キリスト教と仏教は、「神秘」の体験において一つに重なり合う教えだった。

鈴木大拙は、『大乗仏教概論』を書き上げるにあたって、ちょうどその七年前、世紀の転換点である一九〇〇年に、「如来蔵思想」のエッセンスをもっともコンパクトに論じた『大乗起信論』を英訳している。それから一〇〇年近くが過ぎ去った一九九二年、最後の著作（遺著）として『『大乗起信論』の哲学』とサブタイトルが付された『意識の形而上学』を刊行したのが、『コーラン』全体を日本人として初めてアラビア語から日本語に翻訳した、イスラーム神秘主義思想の世界的な権威、井筒俊彦であった。鈴木大拙も井筒俊彦も、「如来蔵思想」に一神教と多神教を一つに結び合わせる可能性を見出している。もちろん、そうしたことは容易には実現できないであろう。しかし、その可能性だけは、今ここで、「如来蔵思想」がひらいてくれるのだ。

さらには、鈴木大拙も井筒俊彦も、生命の持つ無限の変化可能性をその中に孕んだ「如来蔵」の在り方を説明するために、華厳経（華厳宗）が可能にしてくれた比喩を用いている。一つの光の中に無限の光が融け込んでいる。宇宙の中心であり、意識（根源的無意識たるアーラヤ識）の中心である光の中の光、心の中の太陽として存在する如来にして神から森羅万象あらゆるものが段階的に流出し、生み出されてくる。如来と万物は光の性質を共有しているので、相互に異なりながらも等しい。万物は霊的な太陽から生まれ、霊的な太陽へと帰還する。

鈴木大拙も、井筒俊彦も、そうした万物とその根源の在り方を、一〇枚の鏡（八方と上下）で閉ざされた蠟燭の炎の比喩で語ってくれている。一つの炎はそれぞれの鏡に映され、無限に重なり合う。あるいは、天上世界の頂きに広がる帝釈天（インドラ）の網の比喩としても。インドラの網は、無数の透明な光り輝く宝珠によって織られている。透明で光り輝いているので、一つの宝珠には他の無数の宝珠の像が映り込み、また、ほかの無数の宝珠にはたった一つの宝珠の像が映り込む。個別で具体的な生命それぞれが持っている心とは、そのような構造を持っているのだ。無限に無限が重なり合い、無限に無限が浸透する。

宮沢賢治は、そうしたヴィジョンそのものを作品化した、文字通り「インドラの網」と題された童話を書いている。折口信夫も、釈迢空の名前で唯一完成することができた小説『死者の書』の末尾を、「光の曼陀羅」で閉じている。闇の洞窟から目覚めさせてしまった死者の無念の想いを昇華してやるために、姫は、蓮からとられた糸で曼陀羅を編む。そこに姫は、自分が見た一人の光り輝く如来の面影を描いたはずなのに、その他大勢の人々が見ている間に、大地から数千もの光の仏たちが湧き上がってきた。一なるものは無限を孕み、無限を生成する。有限の人間もまた、みずからの内に無限の如来を孕んでいる。科学と宗教、哲学と文学、近代的に分断されたあらゆる学問を一つに結び合わせる道が、そこにひらかれている。

参考文献（現在入手可能な各文庫版を記す）

鈴木大拙『大乗仏教概論』佐々木閑訳、岩波文庫、二〇一六年
同　『日本的霊性』完全版、角川ソフィア文庫、二〇一〇年
西田幾多郎『善の研究』改版、岩波文庫、二〇一二年
折口信夫『古代研究』改版、全六冊、角川ソフィア文庫、二〇一六〜二〇一七年
同　『死者の書・口ぶえ』岩波文庫、二〇一〇年
宮沢賢治『宮沢賢治全集』全一〇巻、ちくま文庫、一九八六〜一九九五年
井筒俊彦『意識の形而上学――『大乗起信論』の哲学』中公文庫、二〇〇一年

第10章　日本文化における知と信と技——和歌と俳諧に読む

荒川　紘

その目は自然をよく観察した日本人も、知は表現のための言葉に向けており、西行や芭蕉のような自然との一体化を詠む詩歌を好んだ。自然を自然の外から見ることで科学を生んだギリシア人とは逆である。この日本人の知は信につながる。修験道は神である自然との同化を求めたのであり、本来「即身成神」をうるのが目的だった。技もそう、縄文時代に始まり、長く採用されてきた掘立柱建築にも自然との調和を理想とした日本人の精神が読み取れる。

【西行（一一一八～一一九〇）】

北面の武士として鳥羽上皇に仕えたが、出家、隠棲して和歌に励む。花と月を愛した。『新古今和歌集』に九四首が入集。私家集に『山家集』がある。

【芭蕉（一六四四～一六九四）】

伊賀国（三重県）生まれ。江戸・深川の芭蕉庵に住み、蕉風の俳諧を確立。漂泊に生き、『おくのほそ道』の旅で不易流行を唱え、「軽み」に到達した。

【修験道】

神である山を拝し、山と一体化する山岳信仰が仏教と習合した宗教。役小角が開いたという吉野と熊野をむすぶ「大峯奥駆道」は有名だが、日本各地に行の場があった。

【掘立柱建物】

礎石を置かず、柱を直接土中に埋め込んだ建物。古代の日本建築の主流で、近世になっても庶民の住居に受け継がれた。伊勢神宮はいまでも掘立柱である。

日本人は論ずるよりも詠うのを好む民族だった。奈良時代に成立した歌集『万葉集』の作者は、天皇、皇族、宮廷官人のほか、農民、防人から門付けの芸人を意味する乞食者(ほかいびと)にまでおよぶ。その数四五〇〇余、うち女性の詠み人は一割ほどにのぼる。世界に類のない、日本の誇れる歌のアンソロジーであった。『万葉集』の後には、貴族中心の和歌になるが、平安時代の『古今和歌集』以下、室町時代まで二一の勅撰和歌集がつくられた。歌集づくりが国家をあげての事業となる。

日本人は歌が好き、文学の国だった。だが、私には文学を学問と思えなかった。学問とは数学か物理学のようなものでなければならない。だから、大学は東北大学の理学部を選び、物理学科に進学した。原子核物理学を専攻した私たちが使用していた部屋は片平キャンパスの正門近くにあり、通路を挟んで文学部の建物となっていたのだが、そこに立ち入った記憶がない。

文系学部共通の法文教室に入ったのも卒業後、それも湯川秀樹の「素領域」という時空間の理論の講演を聞くためだった。その頃私は時空間の本性を探ろうとする宇宙論に魅力を感じていた。

しかし、私が科学史を学ぶようになって、科学と文学に対する見方が変わる。古代の日本に科学がなかったとは単純には言えないと考えるようになった。日本人はギリシア人のように科学を生まなかったが、科学は自然の観察に始まるとの観点から『万葉集』を読むと、日本人は自然をよく観察していた民族だったことがわかる。そのようなところから日本文化の知と信と技の性格を考えてみたい。

1　自然と四季を詠む和歌

『万葉集』の自然と四季

最古の歌集の『万葉集』は男女の恋を詠む「相聞歌」と死者を悼む「挽歌」と「雑歌」からなるが、「雑歌」には自然、特に四季の詠まれた多数の歌が載る。巻一の「雑歌」には持統天皇が飛鳥浄御原から北の香久山を詠んだ、

　春過ぎて夏来るらし白妙の衣干したり天の香久山（一・二八）

が載る。香久山が春から夏に変わるときの情景である。

観察の目は細かい自然の世界にも向けられる。巻八の巻頭の歌は、志貴皇子の、

　いはばしる垂水の上のさわらびの萌え出づる春になりにけるかも（八・一四一八）

である。季節は春、雪解けの水が岩からほとばしる滝の上の芽をふく若い蕨を見る。

星の歌はきわめて少ないが、巻一で宮廷歌人柿本人麻呂は、

　東の野に炎の立つ見えてかへり見すれば月かたぶきぬ（一・四八）

と日の出の空と西に落ちる月を詠んだ。

もちろん、自然の描写と言っても、自然への感謝や感動が詠われる。『万葉集』の大半は「相聞歌」と言えるのだが、情愛を自然に譬えて詠う「寄物陳思」の歌も多い。巻一一の「寄物陳思」の歌の一首が作者は不詳の、

遠山に霞たなびきいや遠に妹が目見ねば我れ恋ひにけり（一一・二四二六）

遠山に霞がたなびきいよいよ遠くかすんで見えるように、長い間あの娘に会わないので私は恋い焦がれる。

日本人の自然と移ろう時への敏感さは季節の変化に富む日本の自然を反映しているのであるが、稲作作業の時期は季節の変化にきびしく支配されていた弥生時代以来の農民の精神を受け継ぐものでもあった。種蒔きや田植えの時期を教える「種蒔き桜」や「田植え桜」の伝承が各地に見られる。カッコウが鳴くから大豆を蒔かねばならないとの言い伝えもあった。[*1] 駒形山や白馬岳の山名は春先の山の残雪が馬の形になったことで種蒔きや田植えの時期を決めていたことからの命名である。磐梯山でも残雪の形の虚無僧雪、カギ雪、蛇雪が農作業の準備への目安となっていた。[*2]

『古今和歌集』の自然と四季

『古今和歌集』でも自然は熱心に詠われる。巻一の二首目には撰者である紀貫之（八六八頃～九四五）の、

袖ひぢてむすびし水のこほれるを春たつけふの風やとくらむ（一・二）

が載る。夏に袖をぬらし、手にすくった水が冬には凍っていたのを立春の日の春風が解かしてくれているのだろう。「むすぶ」と「とく」は縁語。自然への心情を直截に詠む『万葉集』に対して、『古今和歌集』は歌の優美さ、理知的な面白さが優先される。序詞、掛詞、縁語などの修辞を多用するなど、知は言語の遊びに向けられる。そのようなことで、加藤周一は、貫之は「自然」よりも言葉を愛したのではないか、と述べている。[*3]

『古今和歌集』「春歌上」の巻頭には在原元方の、

　年の内に春はきにけり一年（ひととせ）をこぞとやいはむことしとやいはむ（一・一）

立春の情景ではない。大陸から伝来した太陰暦では季節をしめす二四節気とのずれ、立春が前年の一二月のうちにやってきてしまったことのおかしさを歌にする。

２　地名を詠む

歌枕の誕生

日本人は時間だけでない、空間に対する意識も強い民族だった。『万葉集』でも『古今和歌集』でも地名が盛んに詠まれる。

奈良や京都の貴族が憧れたのが吉野、『万葉集』の自然歌人山部赤人の一首が、

　み吉野の象山（きさやま）の際（ま）の木末（こぬれ）にはここだもさわく鳥の声かも（六・九二四）

吉野の山の梢ではあたり一面に鳥が鳴き騒ぐ。

地名は歌に詠み続けられることで「歌枕」となる。大和国では吉野山のほか、香久山、春日山、龍田川などが歌枕となった。

『万葉集』で東国の農民が詠んだ歌「東歌」のほとんどが地名を詠みこむ。その一首が、

　会津嶺（あひづね）の国をさ遠（どほ）み逢（あ）はなはば偲（しの）ひにせもと紐（ひも）結ばさね（一四・三四二六）

「会津嶺」は磐梯山。磐梯山の国を遠く離れ、会われなくなるから、お前を偲ぶことができるよう、私

の衣の紐を固く結んでおくれ。

狩猟採集の縄文人の関心は季節の変化よりも狩猟採集の場所だった。そこでは、山や川には木の実や動物や魚の豊饒が祈られ、そこが聖なる土地とされていたのではなかろうか。

東北では福島県の会津嶺のほか、安積山（あさかやま）、安積の沼、安達太良（あだたら）、宮城県の宮城野、末の松山、塩竈の浦、福島・宮城の両県にまたがる阿武隈川、山形県の最上川などが代表的な歌枕だったが、そこに、白河関（しらかわのせき）や松島が加わる。これらはすべて東北南部の地名である。平安時代後期まで東北北部は大和朝廷に服さない蝦夷（えみし）の土地だった。

虚構の自然を詠む――屏風歌

都に住む貴族は都にいて歌枕を主題に歌を詠んだ。平安時代になると、邸宅の調度だった屏風絵に書き添える歌が詠まれるようになる。紀貫之の歌の多くは屏風歌、フィクションの歌の達人だった。

三番目の勅撰和歌集『拾遺和歌集』には紀貫之の、

逢坂（あふさか）の関の清水に影見えて今やひくらん望月の駒　（三・秋一七〇）

が載る。近江の逢坂の関（山城国との国境）も歌枕、そこで朝廷への貢ぎ馬を出迎える「駒牽（こまひ）き」の行事があるが、そのとき清水に映る駒の影を詠んだ。だが、貫之は逢坂の関に出向き詠んだのではない。詞書きに「延喜御時月次御屏風に」とあるように、逢坂の関での貢ぎ馬の様子を描いた屏風絵に貫之が書き添えた屏風歌である。「望月の駒」は信濃望月（長野県佐久郡）の牧場の馬。

屏風歌は絵画を見て詠うのだが、歌を披露しあう歌会（うたかい）や歌の優劣を競う歌合（うたあわせ）では提示された歌題に従って歌を詠むようになる。そのとき歌枕がしばしば歌題とされた。都の貴族は現実の世界でない、虚構の世界の歌を楽しんでいた。

3　『新古今和歌集』

藤原定家――美の錬金術師

平安時代から鎌倉時代へ、貴族の世から武家の世に変わる転換期は歌の転換期でもあった。後白河院の命で藤原俊成（一一一四～一二〇四）が撰集した七番目の勅撰和歌集『千載和歌集』は一一八八年に完成したが、撰者の俊成は幽玄美の歌人といわれた。その代表的な歌に、

夕(ゆふ)されば野べの秋風身にしみて鶉(うづら)なくなり深草の里（四・秋歌上二五九）

がある。鶉が夕刻の秋風に吹かれて寂しく鳴いている。深草は伏見稲荷大社の南西部。優艶と憂愁の俊成らしい世界であるが、この歌も実景を詠んだのではない。『伊勢物語』一二三段の「野とならば鶉となりて鳴きをらむ仮にだにやは君は来ざらむ」をふまえた、本歌取りの歌である。俊成は『伊勢物語』の女の身になって、飽きられ、捨て去られた女が鶉に化身して寂しげに鳴く晩秋の深草の情景を詠む。「秋」には「飽き」が掛けられている。

鎌倉時代にはいり、歌人でもあった後鳥羽院は八番目の勅選和歌集『新古今和歌集』の編纂を命じた。一二〇五年に成立する。撰者は藤原俊成の子の藤原定家（一一六二～一二四一）ら六人。新古今調を代表する定家の歌が、

春の夜の夢の浮橋とだえして峰に別るる横雲の空（一・春歌上三八）

である。春の夜のはかない夢が途絶えた、朝目が覚めると、峰にかかる横雲が左右にわかれてゆく曙の空が見える。そこには『源氏物語』の最後の帖の「夢の浮橋」の情景のイメージが読み込まれている。有心と呼ばれる夢幻と唯美と精緻の世界。フィクションの美の錬金術師の作品である。虚構だが優美、唯美主義的な和歌の見本とされてきた。定家も「自然」よりも言葉を愛する。

僧侶で歌人の慈円が一二二〇年ごろ『愚管抄』で保元の乱（一一五六年）の後、「日本国の乱逆と云（いふ）ことはおこりて後むさ（武者）の世になりにけるなり」と記していたように、源平の争乱の時代となるのだが、定家は戦争など知ったことか、芸術至上主義に生きた。「紅旗征戎吾が事に非ず」（『明月記』）だったのである。

最勝四天王院の障子歌

鎌倉幕府は三代将軍源実朝の時代の一二〇七年、後鳥羽院は定家をコーディネーターに京都の三条白川に最勝四天王院を建立、絵師には四六枚の障子（襖のこと）に全国四六カ所の歌枕の風景を描かせ、そこに後鳥羽院、慈円、藤原定家、藤原家隆らが絵に各一首を詠んだ。堂舎の中核部には春日野、吉野山が、その周辺には離宮のあった鳥羽、水無瀬（みなせ）が配され、陸奥の白河関、安積沼、宮城野、塩竈浦などは離れた場所に置かれた。*4

白河関の歌ではすべて雪の白河関が詠まれている。雪の白河関の障子絵だったからである。定家の歌は、

くるとあくと人を心にをくらせて雪にもなりぬ白河の関

明けても暮れても都に残してきた恋しい人に心を添わせて旅してきたが、ここ白河関では雪になった。定家は都にあって、白河関で寂寥の冬を体験したかのような歌を詠む。

最勝四天王院はあたかも絵つき、歌つきの日本地図だった。そこには鎌倉幕府を倒し、朝廷の世に戻そうとする後鳥羽院の意図が読み取れる。「紅旗征戎吾が事に非ず」ではない。源実朝が公卿に暗殺された二年後の一二二一年には、幕府の実権を握った執権北条義時を追討しようとして兵をあげる。だが、この承久の乱は失敗、後鳥羽院は隠岐に流され、当地で崩御した。

西行——自然との一体化

時代の変換期を代表するもうひとりの歌人が西行（一一一八〜一一九〇）である。定家の父の俊成と同じ世代。貴族に代わり「むさの世」となる時代に武士の身を捨て、出家した。しかし、寺院で修行をしたのではなく、隠遁の生活を続けた。

そんな西行だが、歌壇の中心にいた藤原俊成や後鳥羽院から高い評価を受けており、『千載和歌集』に一八首、『新古今和歌集』では最大数の九四首が収められた。私家集には『山家集』がある。

陸奥を旅した歌人能因法師にあこがれた西行も陸奥を二度旅しているが、一一四七（久安三）年頃の最初の旅では、能因法師が一〇二五（万寿二）年に白河関で詠んだ、

都をば霞とともにたちしかど秋風ぞ吹く白河関（『後拾遺和歌集』九・羇旅五一八）

を思い出し、

白川の関屋を月の漏る影は人の心を留むるなりけり（『山家集』下雑一一二六）

と詠んでいる。私の心をつなぎとめてくれるのは関屋に漏れさしこむ月の光である。

西行の歌は定家たちのような屏風歌や題詠でない。実体験の歌である。隠遁の生活については、

さびしさに堪へたる人の又もあれないほりならべん冬の山里（『新古今和歌集六・冬六二七、『山家集』上冬五一三）

と詠んでいた。西行は歌の技巧への関心は薄く、心情を素直に詠う。

西郷信綱は「ある意味で西行は最後の万葉人あったともいえる」と述べている。[*5]

西行は桜が好きで、特に吉野の桜を愛した。『山家集』の一首が、

吉野山梢の花の見し日より心は身にも添はずなりにき（上春六六）

吉野の桜を見た日から心は体を離れ、花に心を奪われてしまった。

西行に桜は自然の集約だった。西行の魂は桜と一体化する。自然を美の対象を見るのではない、自然の中に自己がいる。

高野山に隠棲したときの『山家集』の歌は、

ひとり住む片山かげの友なれや嵐に晴るる冬の夜の月（上冬五五八）

月は観賞の月ではない。孤独な西行には月が友となる。西行が月に同化する。

4　芭蕉

歌枕の旅と自然の発見

和歌から連歌を経て生まれた俳諧の完成者となったのが芭蕉（一六四四～一六九四）である。その集成の旅となった『おくのほそ道』の旅は西行を慕い、歌枕を訪ねる旅だったが、歌枕だけでない、自然の新しい発見の旅でもあった。

五月雨をあつめて早し最上川
涼しさやほの三日月の羽黒山
暑き日を海に入れたり最上川
荒海や佐渡に横たふ天河（あまのがは）

自然をじかに見、新しい発見をする。この点で芭蕉は万葉的な俳人だった。それに芭蕉は俳句や俳文の推敲に力を注ぐ。『おくのほそ道』は数年推敲を重ねた作品である。臨終の床にあっても、「旅に病んで夢は枯野をかけ廻（めぐ）る」の下二句をどうするか迷い続けていた。この表現に執する芭蕉について、安田章生は、芭蕉は「知的構成を重んじ象徴的世界をひらいている定家的世界を継承し、再生するところがあった」と述べていた。古今的・新古今的な俳人でもあった。[*6]

「造化にしたがひて四時を友とす」

しかし、定家以上に慕っていたのが西行、その精神を受け継いだ俳人だった。『笈の小文』では「西行の和歌に於ける、宗祇の連歌に於ける、雪舟の絵に於ける、利久が茶に於ける、その貫道する物は一なり。しかも風雅に於けるもの、造化にしたがひて四時を友とす」と述べ、さらに「造化にしたがひ、造化にかへれとなり」と言う。造化は自然、自然に従う。四時は四季、四季の変化を友とする。『おくのほそ道』でも書き出しで「月日は百代の過客にして、行きかふ年もまた旅人也」と述べる。「おくのほそ道」の旅は「月日」の運行や「年」の推移に同化した旅であった。自然との一体化、それが日本文化に底流する風雅であった。芭蕉最初の傑作と言われるのが、

枯枝に烏のとまりたるや秋の暮

この句の枯枝の烏は芭蕉ではなかったか。大自然に溶け込んでいる烏であり、芭蕉自身である。ドナルド・キーンは、墨絵にも似たこの句は、禅、杜甫や李白、荘子をはじめ、西行や宗祇などの流れが注ぎこまれて生まれたと見ている。[*7]

日本人とギリシア人

定家は自然をもとにした知的な美の構成者であり、自然よりも言葉を愛する。それに対して、西行は現実を直視する。だが、知を超えて自然と一体化しようとする。芭蕉もそうであった。太陽や月や銀河には目を向けるが、惑星の運行などから法則を探るような意識は起こさない。理想は「造化にしたがひて四時を友とす」だった。ここにギリシアとは異なる日本文化の性格を見ることができる。

ギリシア人は宇宙全体に対しても宇宙の外から見る客観の目があった。だから、地動説も生まれたの

である。[*8]　江戸時代の後期に地球が動いているとの宇宙論が伝来したが、日本人みずからは一〇〇〇年かかっても地動説は生み出せなかったであろう。太陽と地球を観察できる人工衛星を飛ばさねばならなかった。

5　山岳信仰と神

信仰の山

磐梯山は民謡でも、

　会津磐梯山は宝の山よ
　笹に黄金がなりさがる

と歌い出されるように、穀倉の会津盆地を潤す水源の山、宝の山だった。「黄金」は黄金色の米である。

そんな磐梯山は信仰の山となり、頂上には磐梯山の神を祀る磐椅神社が建てられた（七三五年に麓にある現在地に遷された）。「梯」と「椅」は同義。

大和の代表的な神奈備の三輪山では山が御神体、水神でも蛇神でもある大物主神の依り代とされている。そのため、大神神社には祭神のための本殿はなく、拝殿のみである。

神話の神も祀られる。伊勢には天照大神の伊勢神宮が、出雲には大国主神を祀る出雲大社が建てられた。

天皇も神となる。壬申の乱に勝利して飛鳥浄御原に即位、律令体制を確立した天武天皇や本格的な都

城の藤原京を築いた后の持統天皇は神とされた。『万葉集』の柿本人麻呂の歌には、

大君（おほきみ）は神にしませば天雲（あまくも）の雷（いかづち）の上にいほりせるかも（三・二三五）

とある。中国では「天」が道徳を身につけた人物、聖人を天子（皇帝）に命ずる。だが、日本では「天」の観念が希薄、天皇は自然信仰と祖先崇拝が生み出した神の天照大神の子孫である現人神（あらひとがみ）とされた。

修験道

山の信仰は仏教と習合、崇拝の山から修験の場となる。修験道では山岳を跋渉することで、即身成仏を達成、悟りを開く。本来は山の神との一体化であって、「即身成神」だった。[*9] 自然への同化、西行や芭蕉の生き方に通ずる。

伝説的な修験道の創始者である役小角（えんのおづぬ）は奈良時代、吉野山を拠点に大峯山・熊野で修行、吉野の金峰山（きんぷせん）で悟りを開いたとされ、小角に倣い、吉野から熊野までの厳しい修行の「大峯奥駆（おおみねおくがけ）」が盛んとなった。修験道は白山、石鎚山、英彦山（ひこさん）、日光、出羽三山（羽黒山・湯殿山・月山）、蔵王など日本各地に広がる。

大陸伝来の仏教は三論宗、法相宗、成実宗、倶舎宗、華厳宗、律宗の南都六宗が奈良の都に開かれた都市仏教に始まり、東大寺を中心に、鎮護国家を目標に国分寺と国分尼寺が諸国に建立された。それに対して、奈良仏教を批判する最澄と空海は日本の伝統的な山岳信仰に立ち返ろうとする。最澄の比叡山は、大山咋神（おおやまくいのかみ）に鎮座する日枝山（ひえのやま）だった。そこでは現在も比叡の山や谷を七年かけて計一千日巡り、山

川草木に礼拝する「千日回峰行」が行われている。空海の高野山は丹生明神と高野明神の山だった。興福寺や東大寺で修行した法相宗僧侶の徳一（七四九～八二四頃）も筑波山に中禅寺を、磐梯山に慧日寺を開いている。筑波山も磐梯山も神の山だった。

6　日本の技——建築を例に

自然との一体化は日本の建築の基本でもある。定住の始まる縄文時代の竪穴式住居は土に埋めた掘立て柱が骨格、屋根は茅などの植物で覆っていたと見られている。住居は「生長を止めたもう一つの樹木の自然」と言える。自然と人間が一体の住居、「造化に従う」技術だった。青森市の三内丸山遺跡では六本の巨大な柱からなる建築物の跡が見つかっている。

弥生時代になっても竪穴式住居がそのまま使われ続けた。静岡時代の私には散歩道だった登呂遺跡で竪穴式住居のほか高床式倉庫が復元されているが、すべて掘立て柱だった。庶民の住居には古代以来の掘立柱建築が近世になっても使用されていた。

高床式の倉庫は神社の源流となる。伊勢神宮の神殿は現在も白木造り、丸柱の掘立て柱で、神殿中央の床下には象徴的掘立て柱である心の御柱が建てられる。

出雲大社も一七七四年まで丸柱の掘立て柱、高床だった。『古事記』上巻には国譲りする大国主命が代償として「底つ石根に宮柱太しり、高天の原に氷木たかしりて居れ」との条件の神殿の建立を要求している。地底の岩に柱を太く掘り立て、天空に千木を高くあげた社殿である。

心の御柱は樹木信仰の名残だろう。近隣の山から切り出した樅（もみ）の木を社殿の四方に建てる諏訪大社の御柱（おんばしら）も同じ起源と思われる。三内丸山遺跡の六本柱の建築物についても同じことが言えるかもしれない。建築史家の太田博太郎は「神社はその始原から、自然と密接な関係を持つ、というより、自然そのものであった」という。[*10] 仏教伝来とともに柱を礎石の上に据え、瓦葺き、壁構造の寺院建築が日本に移植され、それは王宮、国府などに採用されるようになる。

7　むすび――湯川秀樹の歌

明治の日本には西洋文明が移植され、それは日本の知と信と技の文化を大きく変化させた。知の点ではギリシアに源流する科学を学ぶことになる。

物理学を志し、京都帝国大学に入学した湯川秀樹（一九〇七～一九八一）が詠んだ歌には、

物みなの底にひとつの法（のり）ありと日にけに深く思ひ入りつつ　（籠居（こもりゐ））

がある。一九三五年に原子核を構成する陽子や中性子を結合させる中間子の存在を予言、一九四九年には日本人として最初のノーベル物理学賞を受賞した。

そのような湯川も伝統的な文学の書を読み、特に西行と芭蕉に親近感を抱いていた。一九六〇年代にすすめた「素領域」の研究では、芭蕉の『おくのほそ道』の「月日は百代の過客にして」を想起、そのもとになった李白の「天地は万物の逆旅（げきりょ）（宿舎）にして、光陰は百代の過客なり」の「天地は万物の逆旅」を現代的な形でいうと時間・空間の最小の領域の単位である「素領域」となると述べている。[*11] 五〇

年ほど前に東北大学の法文教室で私はそのような話を聴いていたはずである。

できれば西行や芭蕉のように俗世から離れた研究の生活に生きようとしていた湯川だが、原子核物理学が生み出した核兵器のもたらした惨劇には無関心ではいられなかった。すべての核兵器とすべての戦争の廃絶を訴えるパグウォッシュ会議では第一回の会議から活動、一九七五年のパグウォッシュ京都会議では、癌に苦しみながらも、車椅子で議長の任を果たしている。

一九五四年三月一日にアメリカ軍がビキニ環礁で行った水素爆弾の実験のときには、

雨降れば雨に放射能雪積めば雪にもありといふ世をいかに（ビキニ灰以後）

のような歌を詠んでいる。

静岡大学の科学史の教師として原子核の研究と原爆・原発の開発の歴史をとりあげてきた私も、アメリカ軍の水爆実験がもたらした「死の灰」と焼津港を母港としていた第五福竜丸の悲劇を学生に語ることになった。そして今、福島県に暮らす私には、湯川の歌は東京電力福島第一原子力発電所が事故で放出した放射能が住民の故郷を奪った三・一一の日の歌とも読めてくる。

注

＊1　川口孫治郎『自然暦』八坂書房、一九七二年、五二頁

＊2　『猪苗代湖の民俗・湖南編』福島県教育委員会、一九八四年、一一八頁

＊3　加藤周一『日本文学史序説』（上）筑摩書房、一九七五年、一三二頁
＊4　渡邉裕美子『最勝四天王院障子和歌全釈』風間書房、二〇〇七年、四一八頁
＊5　西郷信綱『日本古代文学史 改稿版』岩波書店、一九六三年、二八一頁
＊6　安田章生『西行と定家』講談社現代新書、一九七五年、一八八頁
＊7　ドナルド・キーン『日本文学史近世篇』一　中公文庫、二〇一一年、一四一頁
＊8　荒川紘『東と西の宇宙観』西洋篇、紀伊國屋書店、二〇〇五年、一〇八頁
＊9　五来重『新版 山の宗教――修験道』写真：井上博通、淡交社、一九九九年、九八頁
＊10　太田博太郎『日本の建築――歴史と伝統』筑摩書房、一九六八年、五一頁
＊11　湯川秀樹「『素領域理論』とは何か」『湯川秀樹著作集』3　岩波書店、一九八九年、五九頁

参考文献

西郷信綱『増補 詩の発生――文学における原始・古代の意味』未来社、一九六四年
川添登『「木の文明」の成立（上）――精神と物質をつなぐもの』NHKブックス、一九九〇年
同　『「木の文明」の成立（下）――日本人の生活世界から』NHKブックス、一九九〇年
小西甚一『俳句の世界――発生から現代まで』講談社学術文庫、一九九五年
渡部治『西行』清水書院、一九九八年
鈴木正隆崇『山岳信仰――日本文化の根底を探る』中公新書、二〇一五年
松村由利子『短歌を詠む科学者たち』春秋社、二〇一六年

第11章　内村鑑三による科学とキリスト教

武富　保

内村鑑三の生涯におけるキリスト教は「無教会」と呼ばれ、聖書の知識を学び、宗派を無視し、日本人と日本の社会を尊重することを特徴としている。この内村の思想は札幌農学校の科学的精神とキリスト教の信仰を根底にしていることは言うまでもない。したがって本章は主として内村の札幌農学校時代から卒業後のそれらに主眼を置く。

【札幌農学校】

北海道大学の前身で、一八七二（明治五）年東京に創立した開拓使仮学校を、一八七五年札幌に移し、翌年札幌農学校と改称した。

【ウィリアム・S・クラーク（一八二六〜一八八六）】

アメリカの教育家。北海道開拓使に招聘され、一八七六（明治九）年来日、札幌農学校臨時校長に一年間就任、学生に深い感化を及ぼした。"Boys, be ambitious!"の一語は有名。

【信仰】

内村鑑三の札幌農学校と卒業後のウィリアム・S・クラークの「イエスを信ずる者の誓約」署名による札幌独立教会とその後の彼の無教会のキリスト教の信仰を指す。

【科学】

内村鑑三が札幌農学校と卒業後民事局勧業課漁撈科で従事した自然科学を指す。彼の鮑の生殖実験は有名。

【進化論】

生物進化の要因に関するダーウィンの説、特に自然淘汰（選択）説。それが一八五九年、彼の著書『種の起源』で体系づけられたことによって広く社会の注目をひいた。内村鑑三は信仰と科学に関心があった当時、この進化論がキリスト教の伝道に障害になっていることを知り、彼にとっては重大な問題となった。

1　札幌農学校

思想家・キリスト教伝道者の内村鑑三にみる科学とキリスト教について述べるには、内村が一八七七（明治一〇）年九月に一七歳で第二期生として入学した札幌農学校時代にさかのぼって考えてみなければならない。

この農学校は一八七六（明治九）年に黒田清隆開拓使長官の懇請に応じて、米国マサチューセッツ州立農科大学校長ウィリアム・S・クラークが現職のまま、臨時校長として、他人が二年でやるところを一年で基礎を据えると来日して設立された。校長は役人の調所広丈であった。

クラークは一八七六年六月二九日横浜に上陸し、翌日黒田長官と公式会見し、七月五日札幌農学校入学志願者（主として東京英語学校在学中の者）に対する口頭試問を行う。その頃横浜でアメリカ聖書協会の中国と日本担当の代理人L・H・ギュリック師[*1]から英語聖書三〇冊ばかりをもらってトランクにしのばせた。一八七二（明治五）年開設以来、開拓使仮学校は黒田長官の期待に反してうまくいかず、特に生徒の徳育の難しさを彼はつくづく痛感していた。

クラークのような人格者を迎え、彼によって選抜された第一期生の生徒一行と一緒にクラークと黒田は御用船玄武丸で品川沖から海路札幌に向かった。その船中で待遇の悪いのに憤った生徒らは、ある日、甲板上で泥酔のうえ、放歌乱舞した。黒田長官は激怒したが、幸い周囲のとりなしで放逐を思い止まった。そこで彼は生徒の徳育の一切をクラークに託そうとした。クラークはそれなら道徳の本源である聖書を教える以外には道はないと答えた。黒田はもちろん同意しなかった。クラークは自説を曲げなかった。船は小樽に近づき、黒田はやむをえず、ついに折れて、生徒に聖書を教えることを黙認した。*2

クラークは粗暴に流れがちで、性道徳に乱れている日本の青年を救うものはキリスト教道徳以外にないと固く信じた。札幌では開拓使仮学校から改称した札幌学校の生徒で札幌農学校入学志願者の入学試験を行い、合格者を一期生に加えた。着任早々、学校から生徒のための細則や心得の草案が示されると、「紳士たれ」（"Be Gentleman!"）で充分と退けた。また始業式の席上、生徒らに向かって、「節制につとめ、性欲を慎め」と訓示し、黒田長官以下のなみいる人々を驚かせた。そして、ただちに禁酒・禁煙の誓いを起草してみずから筆頭に署名し、米国人教師と生徒の全員にも誓約署名させた。彼自身率先してこれを厳守した。また、彼は特に日曜日を聖（きよ）く守るべきことを強く教え、厳しく実行させた。彼はニューイングランドの清教徒のキリスト教を、しかもそのもっとも純真な、厳格なキリスト教をそのままに生徒らに伝え、みずからまっさきに実践した。

クラークはキリスト教を実際に教えるのに聖書を読むことを教えた。彼は生徒たちに署名させた「イエスを信ずる者の誓約*3」の冒頭に、「われらは、聖書は神が人に与えたまえる言語をもってする唯一直接の啓示にして、かつ輝く来世への唯一にして完全無謬なる指導書であることを信ずる」と記しているが、まず英語聖書を生徒各自に与えて、聖書そのものを直接に読ませると同時に、自分でも教室の授業の始めに、聖書を朗読した。生徒らも必死に聖書そのものを読み学んだ。クラークの伝道は聖書伝道であった。

クラークの伝道はもちろん祈ることも教えた。「たえず祈るべし」と誓わせて、彼は教室でもまず祈ってから講義を始めた。クラーク伝道の生命は盛んな伝道心にあった。

クラークはキリスト教と一緒に科学と科学精神を伝えた。彼は札幌農学校をアメリカの近代設備の整った高度な農業大学とし、最新の科学教育を施し、身をもって科学を愛すること、真理の探究にすべてを捧げる科学者の使命と喜びを教えた。一八七七（明治一〇）年一月の末、生徒らとともに手稲山に雪中登山を試みた折のこと、クラークはある大樹の幹に珍しい地衣を見つけ、それを採取しようとしたが、手が届かず、彼は生徒の中でもっとも長身の黒岩四方之進に「自分の背に上ってとれ」と命じ、黒岩は躊躇しながら、ようやく地衣を採取した。クラークはそれを手にして、「これは新種らしい」と嬉しそうだった。[*4]

こんな先生に薫陶された学生たちが、心から科学を愛し、生涯を真理の探究に捧げる真の科学者にならないはずはない。

当時はダーウィンの『種の起源』（一八五九年）が出てからすでに一八年経っていたので、世界をあげて宗教と科学の衝突という問題に熱狂し、すべての宗教家と科学者とがその解決に迷い悩んでいた。しかしクラークは宗教と科学との二つを、しかもそれぞれの最高、最上のものを、そのまま一緒に与えた。彼自身の中には信仰と科学とが、二つとも生き生きと立派に共存し、併存していた。二者はまったく一つのように生きていて、そのあいだに矛盾とか衝突とかの入る余地さえなかった。というよりは、彼は神の聖前にひれ伏して、彼の一切を、科学さえもことごとく捧げてしまった。それゆえ篤く神を信じ、聖書に生きつつ、科学を愛し、真理探究の喜びにひたることができた。クラークは派閥とか、教会とか、派閥根性に囚われない人であった。「イエスを信ずる者の誓約」の冒頭文の結びで、「いつでも適当な機会があれば、みずから洗礼を受けて、いずれかのプロテスタント（新教）の教会に入会することをここに約束する」と教えているが、彼はその通りに生徒らに実行させた。クラークの原始的キリスト教とその信仰とは、札幌農学校の貴重な精神となった。

一八七七年四月、八か月の任務を終えて島松駅まで見送った一期生らに対して「青年よ、大志を懐け」（"Boys, be ambitious!"）の一語を馬上からのこして、帰国した。[*5]

新入生の二期生の一行は内村も含めて、一期生と同様に品川沖を出帆し、函館を経て、九月三日の朝小樽に上陸し、それから一同馬を連ねて札幌に向かった。その夕刻、農学校に着いた。出迎える者はなく、意外の感に打たれた新入生らは、ただ校舎の窓の一角から灯が洩れるのに注意をひかれた。これはクラーク先生の感化によってクリスチャンとなり、その前日の九月二日に、メソジスト派の宣教師ハリスによって洗礼を受けたばかりの一期生らが講堂内の一室に集まって祈禱会を開いて「新入生たちにキリスト教を伝えて、彼らを信者たらしめたまえ」と熱心に祈っていたのである。内村たちは知らぬ間にその火の中に飛び込んでいたのである。もちろん彼らはその瞬間まで、一期生がクラークによって改宗し、農学校があげてキリスト教の焰に包まれていることなどは露ほども知らなかった。

一期生は改宗早々で伝道意欲にもえ、上級生の権威で、二期生に改宗を迫り、クラークの「イエスを信じる者の誓約」に署名を強要した。上級生の攻撃は激しく、級友たちは続々と陥落した。その中で、内村は抵抗して、異教邪神を日本に入れることと、それを強要することに憤激した。当時農学校は全寮制で、学生は皆同じ校内に生活をともにしていたので、下級生の立場がどんなに辛い、苦しいものであったかが想像される。内村は苦しさのあまり、「神国日本より異教邪神を追い払いたまえ」と涙とともに八百万の神々に祈った。しかし、三か月の悪戦苦闘の末、彼もついに陥落した。「イエスを信じる者の誓約」に署名して、キリスト信者になることを誓った。翌年六月二日に同級生の信者とともに宣教師ハリスによって洗礼を受けた。したがって、内村らは間接ながら、クラーク先生の伝道から生まれた信者である。当時の札幌は開拓早々の田舎町で人口もようやく三〇〇〇人くらいで、教会はなく、牧師もおらず、函館あたりから宣教師が時々巡回して来るぐらいであった。

ウィリアム・S・クラークは陸軍大佐で南北戦争生き残りの勇士で、アーモスト大学を出て、農学博士となり、当時はマサチューセッツ州立農科大学校長の職にあり、科学者としても一人材として学界の尊敬をあつめていた。しかし、宗教のことについては一平信徒に過ぎなかった。

内村はクラーク先生の原始的キリスト教を、信仰に、精神に、その形態において、さらにいっそう高貴なキリスト教として信じ、さらにいっそう原始的なキリスト教として発展させた。

まず、内村の神観が一変した。今まで八百万の神々に心身を縛られていた彼は生ける唯一の神を信じ、その独り子なる生けるキリストを信ずるに至って、すっかり解放され、自由に生き、自由に活躍し、自由に喜ぶまったく新しい人となった。この新しい信仰のもたらした新しい精神的自由は、心身に健全な影響を与え、一段と勉強に努力を集中するようになった。

自分の身体に新しく授けられた活動力は天然を通して天然の神と語りあった。内村はこの時以来ただちに神を畏れ拝しただけでなく、神とキリストとのみに生きる人となった。これが内村の信仰である。次に道徳生活が一変した。儒教の外面的な形式的な、偽善的な道徳から、霊的な内面的な、倫理的な道徳へ一転した。内村をはじめとする農学校の信者の学生たちは安息日を覚え、これを聖く守る。その日にはすべての無用な労働を避け、この日をできるかぎり聖書の研究と聖き生涯のための、本人および他人の準備のために尽くした。クラーク先生の教えを文字通りに守った。

月曜日から試験が始まろうとも、日曜日の夜半零時までは勉強をしなかった。それにもかかわらず、二期生の卒業の時には七人の信者の生徒は全員一二名（入学時は二一名）中の首席（内村）以下の上位の七席を独占した。そんな素晴らしい信仰生活を支えていたものは聖書の研究と祈りと友愛の三つである。いずれの時代においても、本当の友誼は祈禱によらずしては成立しないと内村は信じた。

後年、黒田長官が逝去した時、内村は『福音新報』二七二号に「故黒田清隆伯」と題して寄稿している。[*6]その中で「……伯、クラーク氏に面して曰く、『君終に君の意を曲げず、余は今如何ともする能はず、余は君に告げんと欲す、余は君に聖書を学生に授くるの許可を与へんと欲すと、唯君願くば余り公然に之を為す勿れ』と、大佐は答へて曰く『君に謝す、余は明日より倫理を余の学生に講ずべし』と、是れ北海道札幌に於ける基督教の濫觴なりとす。……」と記し、また、「……クラーク氏を余は彼の米国アマストのホームに於て三四回訪問せり、彼は余に語るに南北戦争の事を以てし、グランド将軍を激賞し又談幾度か彼自身の事業に及びき、而して日本札幌に於ける彼の短生涯を語る毎に彼は未だ嘗て深き感動を示さざるなかりき、彼は余がアマスト在留中此世を去れり、而して彼の牧師なりしチツキンリンと云へる人は余に直接語て曰へり、『余はクラーク氏の死の床に臨めり、』而して彼は余に幾度か告げて曰く、『余の生涯の事業にして一として誇るに足るべきものあるなし、唯日本札幌に於ける八ヶ月間の基督教伝播こそ余が今日死に就かんとする際余を慰むるに足るの唯一の事業なれど、君願くば此事を君の本国に伝へよ』と、此英雄死に臨んで戦勝を思はず、科学的発明を顧ずして僅に八ヶ月に渉りし聖書智識の伝播を思ふて慰むる所あり、両雄今は此世の人に非ず、然れども二者の余の心霊に対し如何に関係深きを思ふて余は感慨に堪ゆる能はず、……」（原文抜粋）と記している。

2　内村鑑三にみる科学

内村の父（宣之）は長男の彼に法律を修めさせるつもりで、一八七四（明治七）年に東京英語学校へ入学させた。本人自身は法律に向かないことを知って、札幌農学校に転じた。その時の志望は地理学者であった。少年時代から歴史や地理に異常な興味を懐き、パーレーの『万国史』（英文）を幾回も通読していた。そして科学を愛し尊ぶクラーク先生の遺した学風は科学者たる資質に豊かに恵まれた内村を喜ばせ励まして、その天分は遺憾なく伸ばされ、学業は著しく進んだ。試験ごとに各学課に満点に近い成績を収めた。これは決して理由のないことではなく、信仰と科学との札幌農学校へ入ったことを内村は喜んでいたからである。彼は卒業式では、「科学としての漁業」と題する卒業演説をした。卒業と同時に開拓使御用掛となって、民事局勧業課漁撈科に勤め、北海道の水産調査に従事した。内村が科学者として踏み出す第一歩であった。

一時、東京に帰省した内村は東京青年会（Y・M・C・A）の人々と接する機会があり、わが国に紹介されて盛んになっていたダーウィンの進化論がキリスト教の伝道活動に大きな障害となっていることを知らされた。また、東京青年会の機関誌とも言える小崎弘道による『六合（りくごう）雑誌』（創刊明治一三年一〇月）を知り、それを支援することを約束した。

彼の札幌農学校時代の同級、同室、同信の友である宮部金吾は卒業後、開拓使御用掛として、東京大学植物学教室の矢田部良吉教授のもとで研究を命じられた。北海道で明治四年、北米から招かれたホレイス・ケプロン（一八〇四～一八八五）の指図で、北米第一の植物学者エイサー・グレイス（一八一〇～一八八五）に鑑定してもらい、その標本が北米から帰朝した矢田部に託され、東京大学の標本室に収められていたので、この標本をもとに「千島植物誌」を完成させるため研究する必要があった。

内村は矢田部の講義を介して進化論に通じている宮部に早速英文書簡[*7]を送って「……横浜から函館までの船旅で乗り合わせたアメリカ人捕鯨者からたくさん知識を得た。今、勤務する漁撈科は魚類だけではなく、鳥類、爬虫類、哺乳類すべてが含まれ、北海道の有用動物の世話をする仕事だ、……H・スペンサーの『生物学原理』二巻、G・J・マイヴァートの『種の発生』、その他自然誌学の書籍を購入して欲しい」と頼んでいる。

内村は宮部宛英文書簡[*8]で「明治一四年一〇月には一二日間の石狩川の漁業視察に出張をし、多くの知られた漁師たちを訪ねて、鮭魚について学び、政府への報告を済ませた。また、その後一八日間幌別地方に出張し、鮭魚業の実態を知った。川は魚で満ち、慰めてくれるものは自然と見事な鮭と貝、神の恩恵と愛であった」と記している。一二月一三日「大日本水産会」の発足に同意し通常会員となった。彼は毎日、札幌農学校の博物館で漁業の勉強、カッター先生に顕微鏡の指導を受けていた。

明治一五年一月に、太田（新渡戸）と宮部宛英文書簡[*9]で「教会の献堂式（次節で触れる）で自分は『帆立貝とキリスト教との関係』という変な題で講演した。今年は来年の博覧会の準備のために色々なものを採集する、勉強の方は進化論に大変関心がある」と知らせている。この講演の要旨は地質学と創世記とを調和させることにあった。帆立貝はわが国の海岸でもっとも普通の軟体動物であり、その貝殻は化石として豊富に発見された。進化、生存競争、適者生存という語句は仲間のうちでも聞かれるようになり、また当時台頭し始めた無神論的進化論者に、一撃の必要を内村は感じていた。彼はダーウィン著『ビーグル号世界一周航海記』（一八四五年）、T・H・ハクスレー著『自然における人間の位置』（一八六三年）、J・D・ディナ著『地質学手引書』（刊年不詳）、A・R・ウォレス著『自然選択説』（一八七〇年）などのほか、友人たちと読んでいた『六合雑誌』を参考にしていた。

明治一五年二月に開拓使の廃止により札幌県勧業課の職員となった。三月には「千歳川鮭魚減少の原因」を『大日本水産会報告』一号に発表し、[*10]四月に水産博覧会札幌県出品委員となり、出品物収集のため室蘭、十勝地方に二五日間出張した。このことについて、内村は宮部宛英文書簡[*11]で「長い旅は自然の限りない美、植物、鳥類、豊富な海の腔腸動物（クラゲ）、サンゴ虫類、棘皮動物（ウニ、ヒトデ、ナマコなど）が魅力的、他方、人間の本性とも呼ぶべき自然のもっとも崇高な部分がなんと壊れやすく、退化しやすく、また残忍性と野獣性を帯びていることとかを感じさせられたことは未だかつてなかった。旅行は困難を極め、やっとの思いで札幌に着いたが、夜中病魔に襲われ友人とカッター先生の看病でなんとかその夜は過ごした。左肺の出血で五日間苦しみ、二三日間病床に臥した。今は神の加護により元気になったが、半日札幌に着くのが遅れていたら自分の生命はどうなっていただろうか。神の御業（みわざ）は不思議であり、祈りや友人の祈りは無駄ではなく救われたことを神に感謝している。自分の今の公的職業に嫌気がさす、役人の長は科学の効用を弁えず、弁舌と筆の立つのが有用な人間と思っている。純粋な良心、真実、正直を強く望む人は堪えられない。自分の将来を考え、この秋は東京へ行く、正直な科学を学ぶか、官吏を辞めてキリスト教の宣教を選ぶかである。来日した米国の宣教演説家J・クックの話（『六合雑誌』二四号に掲載）を聴けなかった。石川千代松（東京英語学校時代内村と同期、東京大学助手）が彼に反対して話すらしいが、どんな意見か知らせて欲しい。昨秋以来、ここでの自分の勉強は生物学とキリスト教である。自分の好きな著者はリオネル・ビール（生理学者）、カーペンター（生理学者）、ウィンチェル（地質学者）、ディナ（地質学者）、マイヴァート（生物学者）などである。」と述べている。

一八八二（明治一五）年四月一九日にダーウィンは死去し、その訃報は五月の『六合雑誌』二四号にすでに掲載されている。六月に「北海道鱈漁業の景況」の論文を『大日本水産会報』四号に発表した。[*12]九月四日に祝津の試験所で、鮑の生殖実験を開始し、ドイツ人の生物学者ゲーゲンウァーの所説と熟達した鮑突人の言葉とよく合っていたので、この点を試験し、肝臓に密接した細顆粒をたくさん含むのが生殖器で、細粒は卵子で、産卵は八、九月頃であることを知った。そして、一〇月には「札幌県鮑魚蕃殖取調復命書幷ニ潜水器使用規則見込上申」[*13]を札幌県知事、調所広丈に提出した。

一一月二三日の宮部宛英文書簡[*14]によると、「この年最後の石狩川の鮭の調査出張から一昨日帰った。この春病気にならなかったら600里以上を旅したと思うが、それでもこの日まで海岸や河川に沿って約300里を旅した。1年の4分の1以上を外出したことで北海道の自然の素晴らしさが一つ一つ鮮明に印象に残っている。今年の興味ある研究は鮑繁殖の実験であった。科学的にも、実用的にも重要な問題である。顕微鏡や必要な器具の取り扱いを覚え、たくさん新しいことを学んだ。調所広丈氏は少なくとも3か年間は実験を続けてよいと言っている。祈りをもって従事しているうちに、今日まで説明されずにいた神の作品を啓示された。鮭やその他の魚についても困難な問題が検討され、たくさんの事実を得た。これらをこの冬、魚類学会に報告できる。海での漁獲はこれまで成功であったが、職場外の僅かな時の楽しい特権である『人を漁ること』はかなり成果をもって祝福された。君の科学の名における十字架の守りに立つ高貴な計画は素晴らしい。自分の目的も同じだ。ヘッケル（生物学者）、ブヒナー（医師、哲学者）、チンダル（物理学者）、スペンサー（社会学者）ら『聖なる聖なるもの』を汚す人から距離を置いて立つことができる。暇な時間は生物学の勉強をしている。東京に行ったら多くの本を買いたい」と述べている。

この頃、内村の上京の決断はついていて、実際、一二月二四日、水産博覧会出品物輸送のため、小樽を出港し、函館でそれらの出品物の準備を終えた後、上京した。

札幌県御用掛を辞さないまま東京に戻った内村は、一八八三（明治一六）年二月に東京生物学会に入会し、この会の副会長である東京大学動物学研究室の松原新之助と一緒に研究することになった。早速に、大日本水産会の第一二回小集会で内村は「漁業ト気象学ノ関係」を発表した。[*15] 四月二三日に病気療養を理由に札幌県に辞表を提出した。四月二八日にモース口述、石川千代松筆記『動物進化論』が出版され、これを読む前に五月八〜一二日に開催された日本プロテスタント・キリスト教史上、重要な会合であったとされる第三回全国キリスト信徒大集会に札幌教会を代表して出席し、「空ノ鳥ト野ノ百合花」と題して講演し、ダーウィンにも触れ、これは多くの聴衆に感銘を与えた。この講演内容はその後、『六合雑誌』三五、三七号に掲載された。[*16] この集会で内村は多くの人々と知り合った。特に、津田仙と接して彼の主宰する農学社の農学校の講師となった。ここで外国人教師W・C・ウィットニーとその子息W・N・ウィットニー（米国公使館通訳）と親交を結んだ。五月三〇日、大日本水産会で「鰊魚人工孵化に関する試験の結果」と題して発表した。[*17] 六月六日、津田仙は健康のすぐれない内村を伴って熱海で療養させた。この頃、内村はダーウィンの『種の起源』と『人間の由来』を購入して読書に専念し、また、モースの『動物進化論』も読んだ。七月に津田仙の発行する『農業雑誌』一八七号に「去来鳥の質問に応答す」を掲載した。[*18]

八月下旬には、宮部は二年間の東京大学内地留学を終えて札幌の母校に帰った。九月八日に、内村は基督信徒学生会例会で「ダーウィン氏の言行録」の講演をした。一〇月二七日に大日本水産会で「鱈魚人工孵化法」を発表した。[*19] 一一月三〇日『六合雑誌』三九号に内村は仮名で北洋学人稿「ダーウィン氏の伝」を掲載した。[*20] 一二月には、内村は農商務省農務局水産課に勤務し、水産庁慣行調を担当し、日本魚類目録を作成した。[*21]

一八八四（明治一七）年一月二六日、大日本水産会で「石狩川鮭魚減少ノ源因」を発表した。[*22] 一月三〇日発行『六合雑誌』四一号に仮名で北海猿人稿「ダーウィン氏小伝に対する疑問に答へ併せて進化説を論ず」を掲載した。[*23] 内村は農商務省に九時まで行き、一二時まで外国産魚類を学び、それから東京大学動物学研究室で松原氏と板鰓類（サメ、エイ）を研究した。四月一九日、東京生物学会で「ダーウィン氏の行状」を発表した。四月二八日、大日本水産会では議員に選出され、「漁業ト鉄道ノ関係」と題して講演した。[*24] 五月には、関沢明清水産局長の賛成を得て、横浜から北海道の小樽に行き、そこで鰊卵を入手し、六月上旬、新潟の佐渡で鰊卵を放流する試みをした。七月には榛名湖に養魚見込み調査のために出張した。一〇月二日発行『六合雑誌』四七号に「豚種改良論」を発表した。[*25]

内村がいかに精力的に研究に励んでいたかよくわかる。内村の経歴において科学研究に実際に従事したのは以上の通りである。内村にみる科学はまさにクラーク先生にみられるように、信仰によって支えられた科学と科学精神であったと言っても過言ではない。内村は生涯において科学に非常に関心と興味を持った。

3　内村鑑三にみるキリスト教

内村にみるキリスト教はすでに述べたように札幌農学校へ懇請されたウィリアム・S・クラークが伝えたキリスト教を一期生から間接に伝えられたものであった。クラークは初め組合教会に属していたが、彼は教派とか教会にはあまりこだわらなかった。クラークが素人伝道者であっただけでなく、きわめて原始的キリスト教を単純、素朴に学生に伝えた。

内村らの教会は農学校の寄宿舎の一室から始まった。彼らはクリスチャンとなるや、ただちに日曜日の朝の礼拝と夜の祈禱会とを始めた。そして、彼らの集まりは聖書の研究会であった。聖書の研究が内村の信仰の中心となったのも、それは札幌農学校の寄宿舎の彼らの集まりからである。このことについては内村の著書『余は如何にして基督信徒となりし乎』の第3章の「芽生えの教会」に生き生きと描かれている。[*26] 彼らは実に純情で熱心であった。上級生の一期生も同様な集まりを持ってはいたが、その熱心はこの二期生には及ばず、常に下級生の集まりを尊敬し羨望していた。そして、その中心は内村であった。彼らは特に未開の北海道でほかに交わる同志もなく、彼らだけの信仰生活を送らなければならなかったので、その友情を強くし、互いに助け合い、互いに励まし合った。その厚い、固い麗しい愛は肉の兄弟も及ばないほどであった。彼らは霊と心の兄弟となり、一人の人のようになって楽しい学生の信仰生活を送った。クラークは「われらのアンテオケ教会[*27]」と呼んだが、たしかに北海の原始林と原野にこのような信仰生活が展開されたことは原始的教会とも呼ぶべきものである。彼らの寄宿舎の室にある教会は、西洋二〇〇〇年の伝統とか、教会とか、教義とか、信条とか、儀式とかまったく関わりなかった。ただ生ける神を直接に拝し、生けるキリストを直接に信じ、神の言なる聖書そのものを学び、ただちに神の御前にひざまずいて祈り、兄弟の愛に生きた。そのあいだに監督とか牧師とかが介在し、教会とか組織とかいうものが縛ることもなかった。じつに単純、素朴で、清新潑剌たるものであった。これこそ真のエクレシア（教会）である。内村らにとっては、忘れようとしても忘れることのできない楽しい学生生活、信仰生活であった。

こうした「寄宿舎の教会」もやがて校外へ出る必要があったが、彼らは原始教会の信仰と精神を持ち続けただけでなく、さらに前進させて、彼らの独自の、独特の教会を造った。

既存の教派をまったく離れた独立の教会である。一期生が卒業して社会へ出ると同時に、一、二期生が一丸となって自分たちの教会を造り、さらに次第に市内に増える信者をも加えて、全クリスチャンが一致団結して、礼拝、祈禱会、伝道などに当たる必要を感じた。

内村はその主唱者または率先者の一人であった。彼らは内村を中心にただちに新しい教会堂の建築計画に着手した。この頃クラーク先生から一、二期生を中心とする信者の集団に一〇〇ドルの寄付があった。また、伝え聞いたアメリカのメソジスト監督派の宣教師デヴィソンが援助を申し出て、四〇〇ドル（約七〇〇円）を貸与してくれた。これに勢いを得た青年信者たちはただちに土地を選定し、建築に着手した。しかし、思わぬ手違いから中止の止むなきに至った。第一に土地の買収や大工との交渉などに行き違いを生じたが、そんなことはたいした問題ではない。彼らはひとまず借家を手に入れて、教会（札幌教会）を造った。独立問題はその後で起こった。宣教師が貸与金の返済を迫って来たことに端を発した。内村らが教派を越えた教会を計画したためである。彼らは新しく教会を造ろうとするや、一つの大きな疑惑に当面した。なぜわれわれは、違った教派や教会に別々に属さねばならないのか、ということである。彼らは三つの教派に属していた。内村を始めとした大部分のものはアメリカのメソジスト監督派に、一人はカナダ・メソジスト派に、一人は英国聖公会である。これは各自が洗礼を受けた時、そのままそれぞれの教派の会員として登録された結果である。しかし、彼ら自身はそんな関係はまったく念頭になく、そんな行きがかりなど無視した。一同ただ一人のように愛し合い、睦みあってきた。彼らは外国伝来の教派とか教会とかの派閥根性はみじんもなかった。しかし、教会を造ろうとすると、たちまちこの点が問題となりだした。彼らは大いに迷い悩んだ末、断固として三つの教会を解消して、一つの共同の新しい教会を造ることを決意した。聖書の教えるところによれば「主は一人、信仰は一つ、洗礼（バプテスマ）は一つ」（エフェソスの信徒への手紙4：5）であり、教会とは「二人または三人がわたしの名によって集まるところには、わたしもその中にいるのである」（マタイによる福音書18：20）。しかるに信者が多くの教派や教会に分かれて、別々に信仰生活を送り、そのうえ憎しみ合い、争い合うということは、彼らにはどうしても考えられなかった。今まで一心同体の聖い楽しい関係を続けて来た彼らが別れ別れにならねばならぬということは到底我慢ができなかった。それゆえ、彼らは教派を離れて彼らの教会を建てようと決心した。

それが宣教師の怒りを買ったのか、彼らの決意が固いとみると、貸与金の即時返還を迫った。その手紙が着いたのは明治一五年一月一日の日曜日で、彼らが彼らの教会に集まって聖日を守り、和気藹々と新年の挨拶を交わしていた時である。彼らは驚き、あきれた。憤然として怒った。そして「即時借金を返してしまえ」と叫んだ。彼らは皆日本武士の子弟であり、こんな屈辱に甘んじることはできなかった。内村は激しい潔癖と独立の人であり、他人の金銭に依頼し、他人に金銭を乞うて生きるよりは、むしろ死を選ぶ。彼は全会員の音頭取りとなって、全力をあげて必死に借金の返済にあたった。開拓使御用掛として受ける三〇円の月給の中から彼らは着る物も着ず、食べる物も減らして教会に醵金した。当時東京の宮部にデヴィソン氏へ返さなければならない金のことについて手紙を書いて、全員一〇月二〇日までに各自一四円ずつ醵金することに同意したので、札幌キリスト教会の名において、教会の会計係へ寄付してくれるように知らせた。[*28] こうして彼らはその年の暮れには借金の全額を返した。これが「札幌キリスト教独立教会」の始めである。金銭だけでなく、彼らはキリスト教二〇〇〇年の伝統である教派とか、教会とかいうものの一切から独立して、それらとは無関係なまったく新しい彼ら独自の教会を建ててしまったのである。

　内村の信仰はこの独立――ただ金銭の独立にとどまらず信仰上の独立の精神でつらぬかれた。内村はこの精神で死に至るまで戦い抜いた。この精神を別にして内村はなく、また内村を理解することはできない。彼らは信仰による愛に生きた人々であり、彼らの教会はキリストによる愛の集団であった。また札幌青年会Y・M・C・Aを作って伝道にも熱心であった。ただ最初の教会という意味での原始的教会であっただけでなく、日本独自の信仰と精神とにあふれたという意味における日本的原始教会なのである。日本のプロテスタントの初期に、こうした教会が生まれたことは注目すべき歴史的な事実で、神の摂理というよりほかに表現しようがない。日本のキリスト教、否、世界のキリスト教にとって見逃すことのできない重大な事実である。しかし、内村の信仰の根底は札幌のキリスト教で終わりではなく、これにさらに新しい信仰を加え、さらにすぐれたキリスト教を築かねばならなかった。札幌は内村にとっては、霊魂と信仰の故郷ではあったが、終着点ではなかった。後年、内村は「札幌独立教会」として、『聖書之研究』三号[*29]に「明治の初年に農学校の青書生が血の涙を以て築き上げげし、札幌教会は日本に於ける最初の独立教会なり、故に基督教と独立とを重んずる人士にして之に向て深き同情を懐かざるはなかるべし、日本人は其実力に於て、其教義に於て、外国伝道会社に頼らずして基督教会を建設し得るや、是れ小なりと雖も札幌独立教会が世界に向て証拠立つべき大問題なりとす。……」と述べている。（原文抜粋）

4　おわりに

内村鑑三の一九三〇（昭和五）年までのキリスト教信仰の生涯において、本稿に示す青年時代の信仰のうえに、さらにアーモスト大学留学中に、シーリー総長による回心により、特に一九〇〇（明治三三）年までの波瀾万丈の苦難と悲哀によく堪え、そのあいだに、いわゆる名著古典と呼ばれるたくさんの著書を出版することができ、それによってなんとか生活も支えられた。それから『聖書之研究』誌を明治三三年秋から毎年毎月発行するようになり、多くの立派な弟子にも恵まれ、無教会主義を唱道して、キリスト教の伝道に捧げることができたのは、まさに近代日本の預言者である。

注

＊1　太田雄三『クラークの一年――札幌農学校初代教頭の日本体験』昭和堂、一九七九年、六三頁。（本書の二〇八頁と三〇二頁、クラークは帰途、神戸で再会し、英語聖書を三〇冊もらい、札幌農学校の米国人教師ホイーラーに送る。）

＊2　内村鑑三「故黒田清隆伯」一九〇〇年（『内村鑑三全集』八巻、岩波書店、一九八〇年、二六八～二七一頁）

＊3　大島正健『クラーク先生とその弟子たち』大島正満・大島智夫補訂、新地書房、一九九一、一〇八～一一八頁

＊4　同、一〇五～一〇七頁

＊5　同、一三八～一四一頁

＊6　内村鑑三「故黒田清隆伯」一九〇〇年（『内村鑑三全集』八巻、二六八～二七一頁）。クラーク氏についても記す。

＊7　内村鑑三「宮部金吾宛」一八八一年（『内村鑑三全集』三六巻、岩波書店、一九八三年、九～一二頁〔英文書簡〕）

＊8　同（同、一二～一五頁〔英文書簡〕）

＊9　内村鑑三「太田稲造・宮部金吾宛英文書簡」一八八二年（同、二四～二九頁）

＊10　内村鑑三「千歳川鮭魚減少の原因」『大日本水産会報告』一号、一八八二年（『内村鑑三全集』一

巻、岩波書店、一九八一年、九頁）

＊11　内村鑑三「宮部金吾宛英文書簡」一八八二年（『内村鑑三全集』三六巻、四一～四四頁）

＊12　内村鑑三「北海道鱈漁業の景況」『大日本水産会報告』四号、一八八二年（『内村鑑三全集』一巻、一〇～一四頁）

＊13　内村鑑三「札幌県鮑魚蕃殖取調復命書幷ニ潜水器使用規則見込上申」一八八二年（『内村鑑三全集』一巻、一五～二四頁）

＊14　内村鑑三「宮部金吾宛英文書簡」一八八二年（『内村鑑三全集』三六巻、四四～四七頁）

＊15　内村鑑三「魚業ト気象学ノ関係」『大日本水産会報告』二二、二三号、一八八四年（『内村鑑三全集』一巻、三七～六一頁）

＊16　内村鑑三「空ノ鳥ト野ノ百合花」『六合雑誌』三五・三七号、一八八三年（同、三九五～四〇一頁）

＊17　内村鑑三「鰊魚人工孵化に関する試験の結果」『大日本水産会報告』二〇号、一八八四年（同、三一～三三頁）

＊18　内村鑑三「去来鳥の質問に応答す」『農業雑誌』一八七号、一八八三年（同、二七頁）

＊19　内村鑑三「鱈魚人工孵化法」『大日本水産会報告』二四号、一八八四年（同、六二～六六頁）

＊20　北洋学人（内村鑑三）「ダーウィン氏の伝」『六合雑誌』三九号、一八八四年、九三～九五頁

＊21　内村鑑三「日本魚類目録」一八八四年（『内村鑑三全集』一巻、三三五～三八一頁）

＊22　内村鑑三「石狩川鮭魚減少ノ源因」『大日本水産会報告』二六号、一八八四年（同、六七～七三頁）

＊23　北海猿人（内村鑑三）「ダーウィン氏小伝に対する疑問に答え併せて進化説を論ず」『六合雑誌』四一号、一八八四年、一三九～一四四頁

＊24　内村鑑三「漁業ト鉄道ノ関係」『大日本水産会報告』二八号、一八八四年（『内村鑑三全集』一巻、

九二〜九九頁）

＊25　内村鑑三「豚種改良論」『六合雑誌』四七号、一八八四年（同、一〇〇〜一〇二頁）

＊26　内村鑑三「余は如何にして基督信徒となりし乎——余の日記より」鈴木俊郎訳、一八九五年（『内村鑑三著作集』第一巻、岩波書店、一〜二一六頁）。A Heathen Convert (Kanzo Uchimura), *How I Became A Christian : Out of My Diary*, 1895.（『内村鑑三全集』三巻、岩波書店、巻末英文三〜一六七頁）

＊27　信徒たちが初めてクリスチャンと呼ばれる教会で、伝統に束縛されず自由な信仰のうえに異邦人によってのみ建てられた教会。クラークはこのような教会を夢見た。

＊28　内村鑑三「宮部金吾宛英文書簡」一八八二年（『内村鑑三全集』三六巻、三六〜三九頁）

＊29　内村鑑三「札幌独立教会」『聖書之研究』三号、一九〇〇年（『内村鑑三全集』八巻、五〇五〜五〇六頁）

参考文献

大島正健『クラーク先生とその弟子たち』大島正満、大島智夫補訂、新地書房、一九九一年。札幌農学校の一、二期生とクラーク先生についていっそう学ぶことができる。

J・F・ハウズ『近代日本の預言者——内村鑑三、一八六一－一九三〇年』堤稔子訳、教文館、二〇一五年

John F. Howes, *Japan's Modern Prophet:Uchimura Kanzo, 1861–1930.* 著者は内村鑑三研究の第一人者であり、戦後、間もなく東京大学教養学部に留学され、それ以来、長年にわたる内村の研究を集大成されたものである。外国人研究者から見た内村鑑三について書かれているだけに関心が持たれる。

内村鑑三『内村鑑三全集』鈴木俊郎、氷上英広、秀村欣二、中沢洽樹、田村光三、松沢弘陽、道家弘一

郎、渋谷浩、亀井俊介、鈴木範久編集、岩波書店、一九八〇〜一九八四年。内村鑑三の研究ではなくてはならない書物である。

武富保『内村鑑三と進化論　付内村鑑三の進化論三部作』キリスト教図書出版社、二〇〇四年。青年時代の内村鑑三の進化論を学ぶのに参考になる。

あとがき　科学隣接領域研究会の成果としての本書の意義

科学隣接領域研究会リーダー　金子　務

このところ、とみに科学技術を取り巻く社会環境は厳しさを増している。

東日本大震災を契機に、あれほど盛り上がった太陽光・自然力エネルギーへの議論と果敢な取り組みがあったはずの日本、そのエネルギー資源が脆弱なわが国が、太陽光・風力発電を主力とする脱炭素社会の世界的潮流に後れを取っている現況を、いったいどう考えたらよいのか。

科学技術界の力不足か、ガラパゴス化によるものか、産業界のアンテナがさび付いているのか、政界の技術革新への無理解なのか、それともトータルに日本社会のシステムに問題があるのか、猛省とともに、早急に再チャレンジして挽回していくことが必要だろう。技術はあるのに技術と技術をつなぐ発想力が足りないために、例えばインターネットやスマホといった画期的イノベーションは日本でなくアメリカに生まれた。それはなぜか、を考える必要がある。

また、核開発問題に始まる一連の軍事研究やＳＴＡＰ細胞事件、オウムのサリン事件や一連のＩＳテロ事件などに見られるように、科学技術界でも社会的責任が厳しく問われる時代である。古代から「ヒポクラテスの誓い」のような医療倫理はあったが、いまは科学技術倫理が叫ばれ、求められている時代になった。

公益財団法人日本科学協会は、日本財団からの助成金を得てこれまで若手科学研究者の研究助成に注力してきた。この研究助成は本年三〇周年を迎える大事業であり、これは今後も当協会の中心事業であり続けよう。さらにわれわれは、若手研究者が、立派な創造的研究者に育つと同時に、人間性豊かな社会人に、世界に通用する国際人になっていくことにも協力したいと願っている。科学技術はそれだけで立っているのでなく、さまざまな文化的、社会的、政治経済的システムの中にあり、科学技術はそれらに変革を迫ると同時に逆に大きな制約も受けていることを自覚しなければならないからである。

科学技術社会でもビジネス社会であっても、これからの日本を背負う若者たちは、たこつぼ型の専門職種に自足するのでなく、絶えず幅広い国際的な視野と深い教養への錬磨を自覚して、隣接領域にも十分な目配りと理解と応援をしていくためのアンテナを磨いて欲しい、と願っている。

このような意図をもって、日本科学協会事務局の強力な賛同を得て、まず小規模な研究会から出発してその輪を広げ、講演会、パネル討論、出版その他の形で問いかけていこうというのが、科学隣接領域研究会創出という動きになった。科学隣接領域研究会が正式にスタートしたのは二〇一六年の秋早くであった。メンバーは関係各分野の最先端やマスコミで幅広く活躍する中堅研究者の方々である。物理学から医学・科学論・芸術論まで視野の広い酒井邦嘉東大教授には、サブリーダーを引き受けていただいた。多忙極まるメンバーのきわめて熱心な協力を得て、ほぼ予定どおりに当面の計画を進行させてきた。

このことは今後もしばらく続くのだが、リーダー役の自分にとっても冥利に尽きる幸せな時間であった。

研究会の規模と期間を考えて、われわれは、科学隣接領域という漠然とした領域を、三領域に絞ることにした。①科学と宗教、②科学と倫理、③科学とアート、の三つの分野である。考えてみるに、この三分野の設定は偶然ではない。人間界の思想は「真善美」の追求の上に樹立されてきたからである。科学ないし宗教は真を、倫理ないし哲学は善を、アートは美を対象にするとされてきた。カントの三批判書、「純粋理性批判」「実践理性批判」「判断力批判」はその反映である。

しかしこうした三権分立のような理解では、今日、不十分であるばかりか、間違いでもある。科学研究や宗教的探究にも自然界の秩序への信念や神への信仰という情動が支えになり、その実践面では倫理問題を含み、社会からの批判に十分に耐えるものでなければならない。科学者や宗教者の行動が社会から善か否かを問われるのである。科学者の美的判断が科学的真の判別にも関わることが指摘されてきたことから言えば、美と真、アートと科学も密接な関係を持つ。

もともとアートは、ラテン語のアルス（ars）に由来し、「わざ」の意味であるが、そのことは、人間最古の表現物でもある一万五〇〇〇年前のラスコー洞窟の壁画群が示している。近年、アートの基礎にあるデザイン力が技術や製品の普及を加速させるだけでなく、発明へのヒントになることが注目されてきた。イノベーション・デザイン・エンジニアリング、技術革新デザイン工学とも呼ばれる。技術と技術をつなぐ力がデザイン力にあるためである。そして科学も、このアルスである技術を母体にして形成されてきた。技術は目的を達成するための手段としての技であり、人間の登場以来、道具や火などの手段を使って生活環境に働きかけてきたのだから、技術の歴史は古くて長い。科学はこの「目的－手段」の技術的関係を、「原因－結果」の因果関係に見直すことから合理的な自然認識を深め、体系化されてきたのである。

つまり真善美の世界は、互いに浸透し支えあい影響を及ぼしあっているのである。

さらに創造的発想はいかにして得られるか、も再考せねばならない。

科学研究でもビジネスの世界でも、あるいは美的世界でも精神世界でも、創造的発想はつねに求められる。創造的発想は発見の母体だからである。Aha! 体験、これまで見えなかったことに「ハ、ハーン！」と気づくことが発見の母体になるのである。このAha! 体験は、異種分野の融合と浸透がきっかけになることも報告されている。それぞれの領域においてこの新たな気づきと発見、Aha! 体験の母体を耕し、創造的であろうとするためには、水平方向に広がる隣接領域への感覚の有無がまず重要だが、同時に垂直方向に己の意識の根っこに下降してそこに広がる広大な無意識の世界に気づく必要がある。宗教・神話・文学などから、この無意識の世界を豊穣にすることができるだろう。

本書は、この科学隣接領域で第一番に取り組んだ「科学と宗教」の研究成果を報告する一般書である。すなわち、まずコアメンバーによる数次にわたる研究会の成果を反映して、二〇一七年夏に公開拡大の一般セミナー「木魂（こだま）する科学とこころ」を展開したが、このときの発表者八人の寄稿文を軸に、さらに三人の研究者に寄稿をお願いして編まれている。

一般セミナーの会場には事前登録した多くの研究者、ビジネス関係者、学生、一般市民が詰めかけてくれた。サブリーダーの酒井氏は、中堅科学史家で科学社会史に造詣が深い岡本拓司氏とともに、二部に分かれて進行役のモデレーターを務め、総括司会の総合コーディネーターに当たった私を助けてくれた。

公開セミナー第一部の「ヨーロッパとの対話」では、比較文明学・比較科学史学の泰斗で私の先輩でもある伊東俊太郎氏、同じく私の元同僚で形の文化会後任会長を務めるギリシア哲学者山口義久氏、特異な世界的文化人類学者で遊牧民研究の嶋田義仁氏、ガリレオ研究で活躍し現地に通暁する科学史家田中一郎氏の四氏にお願いし、第二部「アジアからのメッセージ」では研究会の主要メンバーが集結した。すなわちチベット密教の実地探求で魅了する正木晃氏、法華経等の新訳等の研究で新風を吹き込む植木雅俊氏の二人の宗教学者、システム工学者で脳認知論やロボット問題に切り込む前野隆司氏、近代日本精神史の分野で受賞を重ねる気鋭の文芸評論家安藤礼二氏の四人である。

これらの方々が公開セミナーの発表を新原稿に纏めたものが本書のコアになっている。さらに本書では新たに三人の方々にご寄稿願った。新進の科学史家三村太郎氏によるイスラム科学における問題、宇宙論史や神話以来の文化史に関心を広げる荒川紘氏による日本文化の知と技と信の問題、脂質分野の国際的生化学者で誠実なキリスト者でもある武富保氏の内村鑑三論である。

各論考の冒頭には、それぞれ寄稿者自身による短い導入文を付けてあるので、意図を読み取って欲しい。

本書刊行に当たって、公益財団法人日本科学協会の大島美恵子会長・中村健治常務以下事務局の方々に多大なご尽力を頂いた。また刊行実務に当たった中央公論新社学芸編集部部長の木佐貫治彦氏、同部の高橋真理子氏には的確な編集上の示唆を頂戴した。これらの方々に、科学隣接領域研究会および執筆者一同を代表して、深く感謝申し上げる。

わたくしたちの研究会、公開セミナーが実行されてきたその足取りの詳細は、事務局の堀籠美枝子氏が纏めた次頁以降の記録に譲る。

最後に、こうした日本科学協会の新しい取り組みを可能にしてくれた、日本財団のご支援に心よりお礼を申し上げたい。

ライナ大学医学部神経内科精神科教授、同大学神経科学センター名誉センター長）

（テーマ）「似非科学とロボット倫理」

- 鈴木邦彦先生（似非科学）・前野隆司先生（ロボット倫理）の講話
- メンバーとのディスカッション

臨時科学隣接領域研究会（2017年10月27日　於：日本科学協会会議室）

（参加者）金子務・酒井邦嘉

（テーマ）今後の研究会について

- 全体の計画と「科学と倫理」の進め方

第６回科学隣接領域研究会（2017年11月13日　於：日本科学協会会議室）

（参加者）金子務・酒井邦嘉・前野隆司・安藤礼二・植木雅俊・岡本拓司・正木晃・廣野喜幸・神崎宣次（南山大学国際教養学部教授）

（テーマ）「宇宙倫理」

- 神崎宣次先生講話
- メンバーとのディスカッション

第７回科学隣接領域研究会（2018年１月17日　於：日本財団ビル２F会議室）

（参加者）金子務・酒井邦嘉・安藤礼二・植木雅俊・岡本拓司・正木晃・廣野喜幸・須田桃子（毎日新聞科学環境部記者）

研究助成委員：川口春馬（神奈川大学工学部客員教授／慶應義塾大学名誉教授）

波田野彰（元東京大学教授）

梅干野晁（東京工業大学名誉教授）

若手研究者：４名※所属・役職・専攻系・年代のみ記載

金沢大学 理工研究域 自然システム学系 生物学コース准教授（生物系30代）

お茶の水女子大学特別研究員（人文系30代）

東京大学大学院総合文化研究科助教（生物系20代）

国立音楽大学音楽学研究室助手（人文系20代）

（テーマ）「研究者倫理」

- 須田桃子氏講話「ＳＴＡＰ細胞事件」
- 研究者からの発表「現場からの声」
- メンバーとのディスカッション

3．公開セミナー「木魂する科学とこころ」

開催日時：2017年７月２日13時〜18時半

場所：日本財団ビル２階大会議室

総合コーディネーター：金子務

内容：第１部　ヨーロッパとの対話（モデレーター：岡本拓司）

スピーカー：伊東俊太郎・山口義久・田中一郎・嶋田義仁

第２部　アジアからのメッセージ（モデレーター：酒井邦嘉）

スピーカー：正木晃・植木雅俊・前野隆司・安藤礼二

〈科学と倫理〉科学隣接領域研究会

1．メンバー

リーダー：金子務（大阪府立大学名誉教授）

サブリーダー：酒井邦嘉（東京大学大学院総合文化研究科教授）

メンバー：前野隆司（慶應義塾大学大学院システムデザイン・マネジメント研究科委員長・教授）

安藤礼二（多摩美術大学美術学部教授）

植木雅俊（ＮＨＫ文化センター講師）

岡本拓司（東京大学大学院総合文化研究科教授）

正木晃（慶應義塾大学文学部非常勤講師）

廣野喜幸（東京大学大学院総合文化研究科教授）

事務局：大島美恵子（会長）

中村健治（常務理事）

石倉康弘（業務部マネージャー）

豊田悠也

堀籠美枝子

2．研究会

第４回科学隣接領域研究会（2017年４月11日　於：日本科学協会会議室）

（参加者）金子務・酒井邦嘉・前野隆司・安藤礼二・植木雅俊・岡本拓司・正木晃・廣野喜幸

（テーマ）「科学と倫理の問題をどう考えるか」

•廣野喜幸先生講話

•メンバーからの発表とディスカッション

第５回科学隣接領域研究会（2017年８月28日　於：日本科学協会会議室）

（参加者）金子務・酒井邦嘉・前野隆司・安藤礼二・植木雅俊・岡本拓司・正木晃・廣野喜幸・鈴木邦彦（日本学士院会員、米国ノースカロ

科学隣接領域研究会の記録

〈科学と宗教〉科学隣接領域研究会

1．メンバー

リーダー：金子務（大阪府立大学名誉教授）

サブリーダー：酒井邦嘉（東京大学大学院総合文化研究科教授）

メンバー：前野隆司（慶應義塾大学大学院システムデザイン・マネジメント研究科委員長・教授）

安藤礼二（多摩美術大学美術学部教授）

植木雅俊（ＮＨＫ文化センター講師）

岡本拓司（東京大学大学院総合文化研究科教授）

正木晃（慶應義塾大学文学部非常勤講師）

事務局：大島美恵子（会長）

中村健治（常務理事）

石倉康弘（業務部マネージャー）

豊田悠也

堀籠美枝子

2．研究会

第１回科学隣接領域研究会（2016年10月14日　於：日本科学協会会議室）

（参加者）金子務・酒井邦嘉・安藤礼二・植木雅俊・岡本拓司

（テーマ）「科学と宗教の問題をどう考えるか」

• メンバーによる発表とディスカッション

第２回科学隣接領域研究会（2016年12月21日　於：日本科学協会会議室）

（参加者）金子務・酒井邦嘉・前野隆司・安藤礼二・植木雅俊・岡本拓司・正木晃

（テーマ）「私にとっての宗教」

• メンバーによる発表とディスカッション

第３回科学隣接領域研究会（2017年３月３日　於：日本科学協会会議室）

（参加者）金子務・酒井邦嘉・前野隆司・安藤礼二・植木雅俊・岡本拓司・正木晃

（テーマ）セミナーについての企画会議

Arabic Original of (ps.) Māshā' allāh's *Liber de orbe*: its date and authorship", *The British Journal for the History of Science* 48 (2015)、"A Reconsideration of the Authorship of the Syriac Hippocratic *Aphorisms*: The Creation of the Syro-Arabic Bilingual Manuscript of the Aphorisms in the Tradition of Ḥunayn ibn Isḥāq's Arabic Translation", *Oriens* 45 (2017) ほか。

第6章
正木　晃（まさき・あきら）

1953年生まれ。慶應義塾大学文学部非常勤講師。宗教学（日本・チベット密教）専門。著書に『現代日本語訳　法華経』（春秋社、2015年）、『性と呪殺の密教』（ちくま学芸文庫、2016年）など。

第7章
植木雅俊（うえき・まさとし）

1951年生まれ。東京工業大学非常勤講師歴任。仏教思想専門。著書に『仏教、本当の教え』（中公新書、2011年）、訳書に『梵漢和対照・現代語訳　法華経』上・下（岩波書店、2008年。毎日出版文化賞）、『同　維摩経』（岩波書店、2011年。パピルス賞）、『仏教学者　中村元』（角川選書、2014年）など。

第8章
前野隆司（まえの・たかし）

1962年生まれ。慶應義塾大学大学院システムデザイン・マネジメント研究科委員長・教授、慶應義塾大学ウェルビーイングリサーチセンター長。研究テーマは、ヒューマンマシンインタフェースからシステムデザイン・マネジメント学、幸福学まで幅広い。著書に『脳はなぜ「心」を作ったのか』（ちくま文庫、2010年）、『幸せのメカニズム』（講談社現代新書、2013年）、『システム×デザイン思考で世界を変える』（共著、日経BP社、2014年）、『実践ポジティブ心理学』（PHP新書、2017年）など。

第9章
安藤礼二（あんどう・れいじ）

1967年生まれ。多摩美術大学美術学部教授、同芸術人類学研究所所員。文芸批評、日本思想史専門。著書に『光の曼陀羅　日本文学論』（講談社、2008年。第3回大江健三郎賞、第20回伊藤整文学賞）、『折口信夫』（講談社、2014年。第13回角川財団学芸賞、第37回サントリー学芸賞受賞）など。

第10章
荒川　紘（あらかわ・ひろし）

1940年生まれ。静岡大学名誉教授。科学思想史専門。『日本人の宇宙観』（紀伊國屋書店、2001年）、『教師・啄木と賢治』（新曜社、2010年）、『会津藩士の慟哭を超えて』（海鳴社、2015年）など。

第11章
武富　保（たけとみ・たもつ）

1932年生まれ。信州大学名誉教授。著書に『脂質代謝異常』（講談社、1983年）、『内村鑑三と進化論』（キリスト教図書出版社、2004年）など。

著者紹介

序

金子　務（かねこ・つとむ）

1933年生まれ。大阪府立大学名誉教授。国際日本文化研究センター共同研究員。科学技術史専門。日本科学協会評議員、理事を歴任。著書『アインシュタイン・ショック』（河出書房新社、1981年／岩波現代文庫、2005年、第3回サントリー学芸賞）、『江戸人物科学史』（中公新書、2005年）他、編著『宮澤賢治イーハトヴ学事典』（弘文堂、2010年）。

第１章

伊東俊太郎（いとう・しゅんたろう）

1930年生まれ。東京大学名誉教授。科学史・科学論・比較文明論専門。著書に『近代科学の源流』（中央公論社、1978年／中公文庫、2007年）、『比較文明』（東大出版会、1985年／新装版、2013年）、『十二世紀ルネサンス』（岩波書店、1993年／講談社学術文庫、2006年）。日本科学史学会特別賞（2011年）、日本全国学士会アカデミア賞（2014年）、日本数学会出版賞（2015年）。瑞宝中綬章（2009年春）受章。

第２章

山口義久（やまぐち・よしひさ）

1949年生まれ。大阪府立大学名誉教授。宝塚大学副学長。大阪府立大学教授、同総合教育研究機構長を経て現職。主な著書に、『アリストテレス入門』（ちくま新書、2001年）、『哲学の歴史２ 帝国と賢者』（共著、中央公論新社、2007年）、『新プラトン主義を学ぶ人のために』（共編、世界思想社、2014年）。

第３章

田中一郎（たなか・いちろう）

1947年生まれ。金沢大学名誉教授。金沢大学大学院自然科学研究科教授、金沢医科大学教授を歴任。主な著書に、『ガリレオ――庇護者たちの網のなかで』（中公新書、1995年）、『ガリレオ裁判――400年後の真実』（岩波新書、2015年）。

第４章

嶋田義仁（しまだ・よしひと）

1949年生まれ。中部大学客員教授。宗教人類学専門。著書に『稲作文化の世界観「古事記」神代神話を読む』（平凡社新書、1998年、第11回和辻哲郎文化賞）、『黒アフリカ・イスラーム文明論』（創成社、2010年）、『砂漠と文明 アフロ・ユーラシア内陸乾燥文明論』（岩波書店、2012年）他。

第５章

三村太郎（みむら・たろう）

1976年生まれ。広島大学大学院総合科学研究科准教授。マギル大学、マンチェスター大学を経て、現職。主な著書や論文に、『天文学の誕生』（岩波科学ライブラリー、2010年）、*On Astronomia: An Arabic Critical Edition and English Translation of Epistle 3*（共編訳、Oxford University Press、2015年）、“The

装丁　桂川潤

公益財団法人 日本科学協会

1924年に発足の公益財団法人。社会情勢の変化の中で科学の普及や科学者のあり方を考え「科学と社会をつなぐ」活動を行っている。中でも若手への研究助成は、他から助成を受けにくい研究を支援する助成制度で、1988年から日本財団の支援を受け約9,300件（約54億円）の助成を行っており、研究者として自立するための登竜門となっている。

科学と宗教 対立と融和のゆくえ

2018年4月25日　初版発行

監　修　金子　務
編　　　公益財団法人 日本科学協会
著　者　伊東俊太郎／山口義久／田中一郎
　　　　嶋田義仁／三村太郎／正木　晃
　　　　植木雅俊／前野隆司／安藤礼二
　　　　荒川　紘／武富　保

発行者　大橋善光
発行所　中央公論新社
　　　　〒100-8152　東京都千代田区大手町1-7-1
　　　　電話　販売 03-5299-1730　編集 03-5299-1840
　　　　URL http://www.chuko.co.jp/

DTP　今井明子
印　刷　図書印刷
製　本　図書印刷

Published by CHUOKORON-SHINSHA, INC.
Printed in Japan　ISBN978-4-12-005076-3 C0040